U0249209

全国高等院校给水排水专业教材座谈会留念 1978.1.10. 于哈尔滨

1978 年 1 月全国高等院校给水排水专业教材座谈会（哈尔滨）

全国高校给水排水工程专业教学大纲会议

一九八三年十一月十一日

1983 年 11 月全国高校给水排水工程专业教学大纲会议合影

全国高校给水排水学科专业指导委员会 第三次工作会议

1991 年全国高校给水排水工程学科专业指导委员会第三次会议

1997年全国高校给水排水工程学科专业指导委员会2届4次会议合影（西安）

高等学校给水排水工程专业指导委员会第三届及第四届委员合影

南京·河海大学 2005. 11

2005 年高等学校给水排水工程专业指导委员会第三届与第四届委员合影（南京）

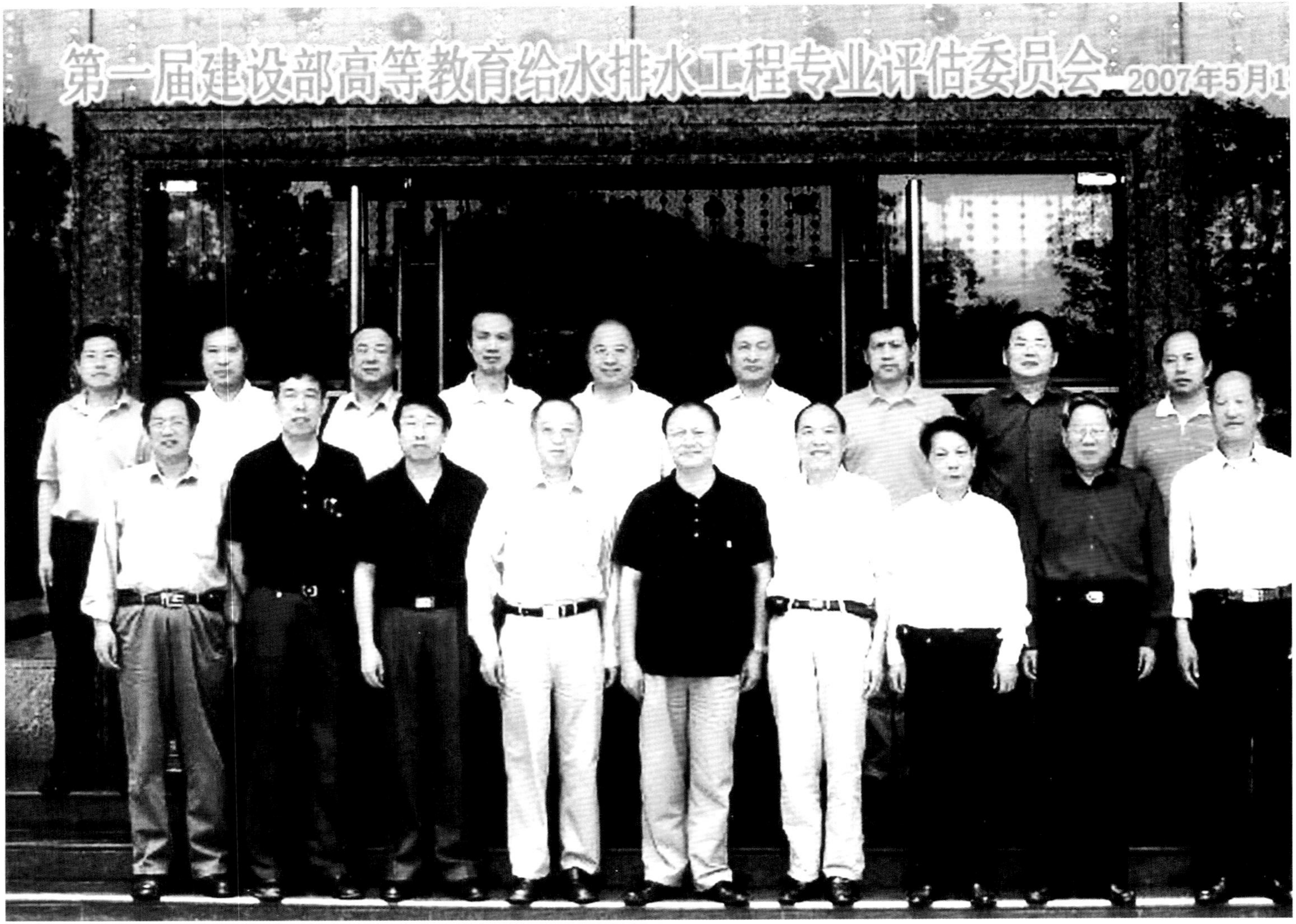

2007 年第一届高等教育给水排水工程专业评估委员会合影

高校给水排水工程专业评估委员会全体会议暨卓越计划专家组第二次会议合影

于湖南大学 2011.5.8

高等学校给排水科学与工程本科指导性专业规范实施研讨会合影

2012. 12 华侨大学

热烈欢迎参加吉林省临床工程学到博士论坛主办的各位代表

2012 年首届博士论坛合影

高等学校给排水科学与工程学科专业指导委员会第六届第三次会议 2015.8.4

2015 年高等学校给排水科学与工程学科专业指导委员会第六届第三次会议（昆明）

国家及建设部"九五"重点教材

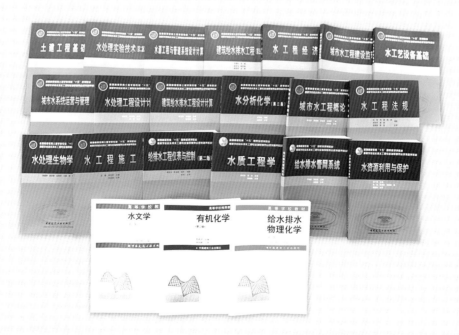

国家及土建学科专业"十五"规划教材

土建学科专业"十一五"规划教材

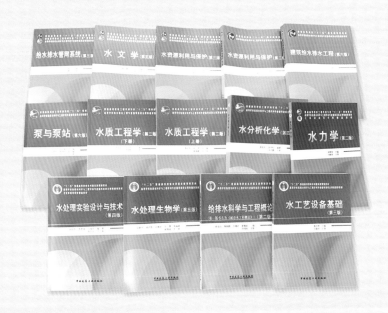

土建学科专业"十二五"规划教材

高等学校给排水科学与工程学科专业指导委员会组织编写

崔福义 主 编
张晓健 邓慧萍 张 智 黄 勇 李伟光 时文歆 副主编

给排水科学与工程专业
发展史记

History of Water Science
and Engineering

中国建筑工业出版社

图书在版编目（CIP）数据

给排水科学与工程专业发展史记 / 崔福义主编；— 北京：中国建筑工业出版社，2017.1

ISBN 978-7-112-20414-4

Ⅰ.①给… Ⅱ.①崔… Ⅲ.①给排水系统－专业设置－历史 Ⅳ.①TU991-4

中国版本图书馆CIP数据核字（2017）第021793号

责任编辑：王美玲
书籍设计：韩蒙恩
责任校对：王宇枢 赵 颖

给排水科学与工程专业发展史记

高等学校给排水科学与工程学科专业指导委员会 组织编写
崔福义 主 编
张晓健 邓慧萍 张 智
黄 勇 李伟光 时文歆 副主编

*

中国建筑工业出版社出版、发行（北京海淀三里河路9号）
各地新华书店、建筑书店经销
北京京点图文设计有限公司制版
北京君升印刷有限公司印刷

*

开本：787×960毫米 1/16 印张：10¾ 插页：6 字数：196千字
2017年2月第一版 2018年1月第四次印刷
定价：**49.00元**（含光盘）
ISBN 978-7-112-20414-4
　　（29475）

高等学校
给排水科学与工程学科专业指导委员会组织编写
编写委员会

顾　问：　李圭白　院士　　　　　　（哈尔滨工业大学教授）
　　　　　张　杰　院士　　　　　　（哈尔滨工业大学教授）
主任委员：崔福义　　　　　　　　　（哈尔滨工业大学教授）
副主任委员：（共5人，按姓氏笔画排序）

　　　　　邓慧萍　　　　　　　　　（同济大学教授）
　　　　　张　智　　　　　　　　　（重庆大学教授）
　　　　　张土乔　　　　　　　　　（浙江大学教授）
　　　　　张晓健　　　　　　　　　（清华大学教授）
　　　　　赵　锂　　　　　　　　　（中国建筑学会建筑给水排水研究分会教授级高工）
委　　员：（共19人，按姓氏笔画排序）

　　　　　方　正　　　　　　　　　（武汉大学教授）
　　　　　吕　鑑　　　　　　　　　（北京工业大学教授）
　　　　　李亚峰　　　　　　　　　（沈阳建筑大学教授）
　　　　　张克峰　　　　　　　　　（山东建筑大学教授）
　　　　　张学洪　　　　　　　　　（桂林理工大学教授）
　　　　　张国珍　　　　　　　　　（兰州交通大学教授）
　　　　　张祥中　　　　　　　　　（福州大学教授）
　　　　　张朝升　　　　　　　　　（广州大学教授）
　　　　　张雅君　　　　　　　　　（北京建筑大学教授）
　　　　　陈　卫　　　　　　　　　（河海大学教授）
　　　　　岳秀萍　　　　　　　　　（太原理工大学教授）
　　　　　施　周　　　　　　　　　（湖南大学教授）
　　　　　施永生　　　　　　　　　（昆明理工大学教授）
　　　　　袁一星　　　　　　　　　（哈尔滨工业大学教授）
　　　　　顾　平　　　　　　　　　（天津大学教授）
　　　　　陶　涛　　　　　　　　　（华中科技大学教授）
　　　　　黄　勇　　　　　　　　　（苏州科技大学教授）
　　　　　黄廷林　　　　　　　　　（西安建筑科技大学教授）
　　　　　黄显怀　　　　　　　　　（安徽建筑大学教授）
秘　　书：李伟光　　　　　　　　　（哈尔滨工业大学教授）
　　　　　时文歆　　　　　　　　　（哈尔滨工业大学教授）

前　言

　　给排水科学与工程专业自 1952 年在我国 3 所高校正式开设时算起，已经走过了 60 多年的历程。如果从已考证到的 1911 年北洋大学开设"卫生工学"课程初具专业雏形时算起，则已逾百年。在这一发展历程中，给排水科学与工程专业由弱小走向强大，由传统走向现代，人才培养理念由为城市基础设施服务到为实现水的良性社会循环服务，为相关行业技术进步和人才培养作出了重要贡献。

　　在专业创办以来的 60 多年历程中，给排水科学与工程专业的办学紧抓时代脉搏，坚持为国家经济建设服务、为行业发展服务，为我国给水排水行业提供了不可或缺的技术和人才支撑。在办学中，给排水科学与工程专业也在自我改革与修正，人才培养理念不断更新，专业建设走向成熟，形成了本—硕—博完整的人才培养体系，专业的内涵更是有了巨大的深化。正是这种不断进取与改革，使给排水科学与工程专业即时适应科学技术的进步和行业需求的变化，虽然历经坎坷，却逐渐发展壮大，本科办学高校已经由 1952 年创建时的 3 所，到现今的 158 个办学点，在办学高校数量上位于我国本科专业的前 20% 行列。本科专业全国年招生数量、毕业生数量均在万人水平，在校生规模达到约 4 万人。

　　在专业发展中，高等学校给排水科学与工程学科专业指导委员会（包括早期的教材编审委员会）作为中华人民共和国住房和城乡建设部（以下简称住房城乡建设部）聘任和管理的专家组织，在住房城乡建设部、教育部的指导下，坚持"研究、指导、咨询、服务"的方针，对全国给排水学科专业的教学和人才培养开展了卓有成效的工作，组织进行了专业教学改革、专业规范编制、教学研讨、课程建设、教材建设、师资队伍建设、实践教学、学术交流等，为给排水科学与工程学科专业的快速发展作出了突出贡献。

　　在专业建设蓬勃发展的今天，我们不能忘记一代又一代给排水人的努力，不能忘却专业发展的曲折与艰辛。我们有责任梳理历史，铭记责任，激励后人。我们应该总结专业发展经验，展望专业未来愿景。

基于以上考虑，给排水科学与工程学科专业指导委员会于2013年决定启动"给排水科学与工程专业发展史记"编写工作，并成立了编写组。编写组成员以哈尔滨工业大学等20世纪50年代开办给水排水工程专业的9所高校的现任指导委员会委员为主，同时号召全国相关高校、教师积极支持、提供素材、参与编写工作。

　　编写组的具体人员组成与主要编写分工是：

　　主编：崔福义，副主编：张晓健、邓慧萍、张智、黄勇、李伟光、时文歆。

　　1 专业概要（张晓健）；2 专业建设 2.1 专业指导（崔福义）；2.2 专业改革与规范化建设（崔福义、李伟光）；2.3 课程建设（张智）；2.4 教材建设（邓慧萍）；2.5 师资队伍、平台条件与相关成果（张智）；2.6 指导委员会承担的教学改革项目（崔福义、李伟光）；2.7 专业评估（黄廷林）；2.8 卓越工程师教育培养计划（黄廷林）；2.9 学科建设（张土乔、施周、李伟光）；2.10 指导委员会举办的评优活动（李伟光、崔福义）；3 专业记事 3.1 依附于土木工程，尚未独立设置专业，专业启蒙阶段（1952年之前）（张国珍）；3.2 独立设置专业，探索与成长阶段（1952~1965年）（张国珍）；3.3 "文革"期间，专业发展停滞阶段（1966~1976年）（张国珍）；3.4 专业建设恢复与发展阶段（1977～1995年）（袁一星）；3.5 专业教育改革深化，专业建设全面发展阶段（1996～2012年）（袁一星）；3.6 依据《专业规范》办学阶段（2013年~）（袁一星）；4 附件（顾平、时文歆、李伟光）；5 各高校给排水专业（市政工程学科）建设情况汇总表（不完全统计）（岳秀萍、时文歆）。

　　总统稿人：崔福义。统稿人：时文歆、李伟光、袁一星。审查定稿：崔福义、张晓健、邓慧萍、张智、黄勇、时文歆、李伟光、袁一星。

　　编写组于2013年12月、2015年1月、4月、6月和8月召开了5次编写工作会议。专业指导委员会于2016年3月召开了主任扩大会议，专题对"史记"进行审查定稿。

　　编写工作得到了许多德高望重的给排水专业老前辈的积极支持，得到了各相关学校的积极响应，汇集了不少珍贵的历史资料。尽管如此，由于办学历史漫长，早期的材料收集困难重重，仍感史料缺失严重。当然这也进一步凸显了这项工作的重要意义，如果现在不做留待后人，届时将会更难厘清史实，这也激励我们必须坚持完成"史记"的编写。同时，编写组成员都是给排水专业教师，缺乏"史记"编写的工作经验。由于这些难题，我们认为"史记"的编写是不完善的，难免会缺失或误记一些重要的史实，"史记"的体裁、结构、内容选取等也有进一步优化的空间。虽然"史记"可能瑕瑜互见，但这毕竟是我们梳理专业历史的第一步，是极其重要的开创性的一步。我们恳请广大读者、专业人士、相关高校不吝批评指正，提供更多史料，共同期待更加完善的下一版。

为"史记"编写提供史料支持的人员与单位众多，恕不一一列举，在此一并表示感谢。

本书数据、资料等信息收集截止时间为 2015 年年末。

高等学校

给排水科学与工程学科专业指导委员会

2016 年 3 月

目 录
Contents

1

专业概要

1.1   专业设置

专业名称："给排水科学与工程"专业，简称"给排水"专业，属于工学门类土木工程类。该专业原名称为"给水排水工程"专业，于 1952 年设立，2006 年部分院校将该专业名称更名为"给排水科学与工程"。2012 年教育部修订颁布的《普通高等学校本科专业目录》将"给水排水工程"和"给排水科学与工程"专业名称统一确定为"给排水科学与工程"（专业代码 081003）。

该专业培养从事给水排水工程规划、设计、施工、运行、管理、科研和教学等工作的高级工程技术人才，服务于水资源利用与保护、城镇给排水、建筑给排水、工业给排水和城市水系统等领域。

1.2   专业发展历程

中国给排水学科的高等教育始于 20 世纪初。随着社会的发展、科技的进步和城市化的进程，根据饮水水质的净化与消毒、市政供水的管道输送、居民生活污水的收集、输送与排放等方面的技术进步，在高等教育的土木工程技术大类中，发展形成了作为给水排水工程学科前身的卫生工程的学科方向。在我国的高等教育中，从 20 世纪一二十年代开始到新中国成立之前，在北洋大学、交通大学、清华大学、哈尔滨工业大学、同济大学、唐山铁道学院、湖南大学等学校的土木工程专业中设置了"给水工程"、"下水道工程"等卫生工程类的课程及课程组，或者学科方向，对学生进行专门化教育。此阶段的高等教育孕育着给水排水工程专业的雏形，为我国早期给水排水工程专业的建设和专业教育的发展奠定了一定的基础。

新中国成立后，建设事业大发展，急需大量的工科技术人才，借鉴当时苏联的高等教育模式，改革高等教育体系，按照相对具体的行业和学科，进行专业人才培养，我国从 1952 年起在高等教育的学科专业体系中单独设置了给水排水工程专业，同年在清华大学、哈尔滨工业大学、同济大学等高校设立了我国第一批给水排水工程专业。

1.3   专业规模与声誉

给排水专业为我国给水排水行业高级人才培养和科技发展起到了重要的支撑作

用。近年来专业办学规模迅速扩大，办学水平不断提高，至 2014 年年底，全国已有 158 个专业办学点，当年本科生教育毕业 8455 人，招生 10339 人，在校本科生达到 40478 人；市政工程硕士研究生招收单位 78 个，当年毕业 775 人，招生 631 人，在校硕士生 2050 人；市政工程博士研究生招收单位 27 个，当年毕业 81 人，招生 104 人，在校博士生 506 人。

　　由于给排水工程专业教育不断改革进取，紧密结合社会、科技和行业的发展进行教学改革与建设，所培养的人才规格与知识能力结构符合社会需求，毕业生近年来一直深受社会好评，就业率很高。根据麦可思研究院《中国大学生就业报告》调查，给排水专业毕业生的就业率在全国本科教育各专业中一直名列前茅：2008 届排名第 6 位，2010 届排名第 4 位，2011 届排名第 29 位，2012 届排名第 1 位，2013 届排名第 6 位，2014 届排名第 18 位（并列）。

1.4　专业教育建设成果

1.4.1　专业发展的整体研究与指导

　　对全国给排水专业教育发展的整体研究和对各学校给排水专业的指导，主要是通过住房城乡建设部设置的"高等学校给排水科学与工程学科专业指导委员会"（以下简称"指导委员会"）进行的。1963 年由原建工部设立的"全国高等学校给水排水工程专业教材编审委员会"是指导委员会的前身，其主要职责是专业教材的计划、组织、编写与评审工作。1989 年教材编审委员会更名为"全国高等学校给水排水工程学科专业指导委员会"。2013 年相应于专业更名为"给排水科学与工程"，指导委员会更名为"高等学校给排水科学与工程学科专业指导委员会"。指导委员会负责全国给排水专业教学改革与教学建设的研究、咨询、指导、服务的任务，具体工作包括：完成教育部、住房城乡建设部布置的全国专业教育的改革与建设的研究工作。近年来所完成的任务有：专业人才培养方案、专业发展规划、专业规范等；每年召开指导委员会全体会议，其中每两年召开一次全国高校给排水专业院长（系主任）扩大会议，学习新的精神，交流教学建设经验，落实教学研究任务；组织专业教材建设；组织教学研讨会、课程建设研讨会、实践教学研讨会、博士论坛、博导论坛等；组织教改成果、本科生毕业设计、本科生科技创新、博士生论文评优等。在指导委员会的统一组织下，专业的发展充满了活力，成果累累。

1.4.2 专业名称的变革

本专业的专业名称变革就是专业发展得很好体现。本学科专业的名称在历史上曾被称为"卫生工程"（欧美术语，Sanitary Engineering）和"上下水道工程"（日本术语），在我国 1952～2012 年期间称为"给水排水工程"，简称"给排水"。由于学科内涵的发展，1996 年指导委员会开始提出专业名称更新的问题，最终在 2012 年教育部修订颁布的《普通高等学校本科专业目录》中，正式把"给水排水工程"的专业名称统一确定为"给排水科学与工程"。

给排水专业也曾遇到过专业能否存留的关键时刻。1997 年，教育部修订本科专业目录，专业体系准备从原苏联和当时我国的"窄专业"体系，发展为欧美的"宽专业"体系。相关部门提出了取消给排水工程专业（建筑给排水部分合并到建筑设备专业，水质部分合并到环境工程专业）的方案。对此，指导委员会采取了相应的对策，即坚持我国给排水专业办学特色，发展与更新我国的给排水专业：明确专业内涵，拓宽专业口径与服务领域，更新培养目标与课程体系；明确专业目标与服务对象——实现水的良性社会循环，服务国家建设；厘清与相近专业的区别，包括学科基础与课程体系。通过改革求发展的最终结果是，经与教育部直接沟通，最终在 1997 年专业目录中成功保留了给水排水工程专业。

经过专业调整的风波，指导委员会更加重视专业名称更新的问题，1998 年启动了关于专业名称的讨论，认为："给水排水工程"专业的名称已不符合专业的情况，束缚了专业的发展，应在适当的时候予以更名。对新的专业名称，曾提出了"水工程与工艺"、"水工程"、"水和废水工程"、"水科学与工程"、"水工艺与工程"等，最后确定为"给排水科学与工程"。2005 年，指导委员会发出"高等学校给水排水工程专业指导委员会关于专业名称调整办法的通知"，明确"在教育部的专业目录正式修订前，专业名称'给水排水工程'和'给排水科学与工程'将暂时并存，这两个名称为完全同一专业的不同表述"。2012 年，教育部颁布新专业目录，正式确定专业名称为"给排水科学与工程"。

"给排水科学与工程"专业名称的更新充分体现了学科专业的发展：给水与排水的统一，科学与工程的融合，继承与发展的表述，专业口径与服务领域的拓宽，培养目标与课程体系的更新。

1.4.3 人才培养方案和教学基本要求

在 20 世纪 90 年代后期我国高等教育规模迅速扩大、给排水工程专业办学点增加的背景下，经指导委员会 1996～1999 年期间的研究，在 1999 年颁布了《给水排水工程专业人才培养方案和教学基本要求》（以下简称《专业人才培养方案和教学基本要求》，2003 年对培养方案的个别内容进行了修订），对全国给排水专业教育进行指导。培养方案综合体现了教学改革的成果，提出了：人才培养目标——厚基础、宽专业、高素质、强能力的高级工程技术人才；专业任务——从"以解决水量问题为主"，发展到"实现水的良性社会循环，水质水量同时满足，解决水质问题矛盾突出"；学科基础——从"力学类为主要基础"，发展为"保持力学基础，大力加强化学、微生物学基础"；专业课程——从"以应用对象划分"，发展为"以技术原理进行组合"。培养方案确定了给水排水工程专业的 10 门专业主干课程，还修改完善了课程体系，分别确定了由 23 门公共基础课、19 门技术基础课、17 门专业课以及实践环节等组成的课程结构，从而形成了全新的专业教学体系框架。指导委员会还讨论了与新的培养方案配套的教材建设问题。《专业人才培养方案和教学基本要求》的颁布对全国给排水专业的规范化教学与建设起到了重要的推进作用。

1.4.4 专业评估

对于全国土建类专业教育，建设部通过开展专业评估工作来加强监督指导，其中的给排水专业评估是从 2003 年起开始的。专业评估的意义：一是为加强教育行政主管部门对教学质量的评价与监督措施；二是落实行业对专业人才培养的指导作用（专业评估委员会成员中高校专家和行业专家各半）；三是评估是执业注册工程师制度中的配套办法，通过专业评估院校的毕业生在报考执业注册工程师时有一定优惠条件；四是国际工程教育资格互认的必需条件。

2003 年，成立了"建设部高等教育给水排水工程专业评估委员会"，其中的许多成员也是指导委员会的成员（2012 年与专业更名相协调，更名为"住房城乡建设部高等教育给排水科学与工程专业评估委员会"，以下简称"评估委员会"）。从 2004 年开始实施，至 2015 年全国已有 33 所高校的给排水专业通过了专业评估。通过专业评估工作，以评促建，进一步明确了专业教育定位和人才培养目标，提高了专业教学质量，促进了专业的发展。

近年来，教育部开展了工程教育专业认证工作，并逐步开展工程教育与《华盛顿协议》对接工作，推进我国工程教育国际化。2015 年，住房城乡建设部决定将给排水科学与工程专业的专业评估调整为专业评估认证。

1.4.5   卓越工程师培养计划

教育部 2010 年 6 月启动了高校工科教育的"卓越工程师教育培养计划"（以下简称"卓越计划"），这是贯彻落实《国家中长期教育改革和发展规划纲要（2010—2020 年）》和《国家中长期人才发展规划纲要（2010—2020 年）》的重大教育改革项目，也是促进我国由工程教育大国迈向工程教育强国的重大举措。"卓越计划"旨在培养造就一大批创新能力强、适应经济社会发展需要的高质量工程技术人才，为国家走新型工业化发展道路、建设创新型国家和人才强国战略服务。

"卓越计划"对促进高等教育面向社会需求培养人才，全面提高工程教育人才培养质量具有十分重要的示范和引导作用。其目标是：更加强化工程教育主动服务国家发展战略、主动服务行业企业需求的意识；更加重视与工业界的密切合作，创新高校与行业企业联合培养人才的机制；要求在学期间总的实践教育时间累计约 1 年；更加重视学生综合素质和社会责任感的培养，更加重视工程人才培养的国际化。

2011 年，教育部与住房城乡建设部成立了"卓越工程师教育培养计划"给水排水工程专业专家组，制定有关标准和实施办法。分期确定了哈尔滨工业大学、同济大学、西安建筑科技大学、长安大学、重庆大学、山东建筑大学、安徽建筑大学、北京建筑大学和华中科技大学等一批院校的给排水专业进入"卓越计划"试点。2015 年夏，首批"卓越计划"培养的学生毕业，正在进行经验总结。

1.4.6   专业发展战略与专业规范

专业建设与改革是永恒的主题，要对专业发展有相对长远的规划，才能推动专业不断前进，使人才培养不断适应行业发展的需要，为此需要开展专业发展战略研究。为了适应高等教育的快速发展，进一步加强各学校各专业的规范化教学，并有利于突出各类学校的办学特色，教育部高教司 2009 年提出专业规范编制任务。其中，基本内容规定本科学生应该学习的基本理论、基本技能和基本应用；应用办法是不同层次的学校在这个基本要求的基础上增加本校的要求，制定本校的教学质量标准，体现本校的办学定位和办学特色。指导委员会将专业发展战略研究和专业规范研究统筹考虑，开展工作。《高等学校给排水科学与工程本科指导性专业规范》（以下简称《专业规范》,其中包括《高等学校给排水科学与工程专业发展战略研究报告》)2009 ~ 2012 年由指导委员会研究编制，2012 年 11 月由住房城乡建设部人事司和高等学校土建学科教学指导委员会颁布。

《给排水科学与工程专业发展战略研究报告》（以下简称《专业发展战略研究报告》）总结回顾了专业 60 年的办学历程，明确了专业的发展方向与发展战略；分析了给排水科学与工程专业的社会需求与发展态势以及人才需求和给排水科学与工程专业的发展特征，提出了给排水科学与工程专业教育进一步发展的思路；明确了专业发展的方向，对专业发展是一个有重要意义的指导性文件，对《专业规范》的编制有直接的指导作用。

《专业规范》包括素质、能力、知识三方面的要求，在知识体系中又包括人文社科、自然科学和专业知识。对专业知识体系确定了给排水科学与工程专业的 6 个核心知识领域，含 116 个知识单元，485 个知识点，429 个核心学时，16 门推荐课程，作为给排水科学与工程专业的必备知识。在此基础上，各学校应选择一些反映学科前沿及学校特色的系列课程，构建各高校给排水科学与工程专业的课程体系。《专业规范》体现了核心内容基本标准的原则，体现了规范化与特色化的合理统一。

《专业规范》是在总结近年来专业改革成果和许多学校办学经验的基础上编制的，是建立在给排水科学与工程专业发展战略研究成果基础上的。《专业规范》的实施是一项长期的任务，还需要在实施中加深理解、积累经验。

1.5 专业教育改革与建设的总体思路

要跟踪行业发展，不断完善培养方案与课程体系。适应社会需求，强化专业实践教学体系。建设适应专业规范要求的专业教材体系。发展专业创新人才培养模式。根据行业需求和各高校的办学特色，形成分层面、多规格的人才培养体系。加强师资队伍建设，切实提高教学质量，增强服务社会能力。加强国家对专业教育的宏观指导，主动适应行业发展的需求。

2

专业建设

2.1 专业指导

　　住房城乡建设部是我国给排水科学与工程（原为给水排水工程）专业教育的主管部门，通过设置学科专业指导委员会（早期是教材编审委员会）对专业教育开展指导。此部分内容列出了给排水科学与工程（给水排水工程）专业历届指导委员会（含早期的教材编审委员会）的设置和开展的专业建设情况。

2.1.1 历届教材编审委员会和教学指导委员会组成

2.1.1.1 教材编审委员会

（1）建筑工程部给水排水工程专业教材编审委员会（1963年）（部分成员名单）

主任委员：陶葆楷　　清华大学

　　　　　杨　钦　　同济大学

　　　　　（二人曾先后分别担任主任委员、副主任委员）

委　　员：顾夏声　　清华大学

　　　　　胡家骏　　同济大学

　　　　　张自杰　　哈尔滨建筑工程学院

　　　　　樊冠球　　哈尔滨建筑工程学院

　　　　　孙慧修　　重庆建筑工程学院

　　　　　姚雨霖　　重庆建筑工程学院

　　　　　张湘琳　　天津大学

　　　　　姜乃昌　　湖南大学

　　　　　陈松林　　西安冶金建筑学院

　　　　　高明远　　太原工学院

秘　　书：钱　易　　清华大学

（2）城乡建设环境保护部高等工业学校给水排水及环境工程类专业教材编审委员会（1981年10月）（部分成员名单）

主持学校：清华大学

主任委员：顾夏声　　清华大学

副主任委员：胡家骏　　同济大学

　　　　　张自杰　　哈尔滨建筑工程学院

　　　　　　王占生　清华大学

顾　　　问：陶葆楷　清华大学

委　　　员：于泮池　西安冶金建筑学院

　　　　　　孙慧修　重庆建筑工程学院

　　　　　　李圭白　哈尔滨建筑工程学院

　　　　　　陈志义　清华大学

　　　　　　严煦世　同济大学

　　　　　　林荣忱　天津大学

　　　　　　姚雨霖　重庆建筑工程学院

　　　　　　姜乃昌　湖南大学

　　　　　　高明远　太原工学院

　　　　　　屠大燕　哈尔滨建筑工程学院

　　　　　　颜　虎　北京建筑工程学院

2.1.1.2　教学指导委员会

（1）第一届高等学校给水排水工程学科专业指导委员会（1989～1994年）

主 持 学 校：哈尔滨建筑工程学院

主 任 委 员：张自杰　教授　哈尔滨建筑工程学院

副主任委员：王占生　教授　清华大学

　　　　　　许建华　教授　同济大学

　　　　　　李圭白　教授　哈尔滨建筑工程学院

委　　　员：孙厚钧　教授　北京建筑工程学院

　　　　　　金　锥　教授　西北建筑工程学院

　　　　　　金同轨　副教授　西安冶金建筑学院

　　　　　　金儒霖　教授　武汉城市建设学院

　　　　　　林荣忱　教授　天津大学

　　　　　　姜乃昌　教授　湖南大学

　　　　　　姚雨霖　教授　重庆建筑工程学院

　　　　　　徐鼎文　副教授　清华大学

　　　　　　崔玉川　副教授　太原工业大学

　　　　　　董辅祥　教授　沈阳建筑工程学院

　　　　　　蔡不忒　副教授　同济大学

　　　　　赵洪宾　副教授　哈尔滨建筑工程学院（兼秘书）（1991 年 7 月增补）

（2）第二届全国高等学校给水排水工程学科专业指导委员会（1994 ~ 1998 年）

1994 年建设部"建教〔1994〕709 号"文件

主 持 学 校：哈尔滨建筑大学

主 任 委 员：李圭白

副主任委员：蒋展鹏　范瑾初　赵洪宾

委　　　员：玄以涛　教授　北京工业大学

　　　　　龙腾锐　教授　重庆建筑大学

　　　　　李圭白　教授　哈尔滨建筑大学

　　　　　张　杰　高工　中国市政东北设计院

　　　　　张晓健　教授　清华大学

　　　　　张　智　副教授　重庆建筑大学

　　　　　金兆丰　副教授　上海城市建设学院

　　　　　金同轨　教授　西安建筑科技大学

　　　　　范瑾初　教授　同济大学

　　　　　金儒霖　教授　武汉城市建设学院

　　　　　姜乃昌　教授　湖南大学

　　　　　赵洪宾　教授　哈尔滨建筑大学

　　　　　崔玉川　教授　太原工业大学

　　　　　阎立华　副教授　沈阳建筑工程学院

　　　　　黄　勇　副教授　苏州城市建设环境保护学院

　　　　　彭永臻（兼秘书）教授　哈尔滨建筑大学

　　　　　蒋展鹏　教授　清华大学

　　　　　曾雪华　副教授　北京建筑工程学院

　　　　　王启山　教授　天津城市建设学院（1997 年 5 月增补）

　　　　（1996 年 12 月起，哈尔滨建筑大学崔福义教授任秘书）

（3）第三届建设部高等学校给水排水工程学科专业指导委员会（1998 ~ 2005 年）

1998 年建设部"建人教〔1998〕170 号"文件

主 持 学 校：哈尔滨建筑大学

主 任 委 员：李圭白

副主任委员：蒋展鹏　范瑾初　龙腾锐

委　　　员（共 18 人）：

王启山　教授　天津城建学院

龙腾锐　教授　重庆建筑大学

宋仁元　高工　上海自来水公司

张　杰　院士　中国市政工程东北设计研究院

张　智　教授　重庆建筑大学

张晓健　教授　清华大学

张雅君（女）副教授　北京建工学院

李亚新　副教授　太原理工大学

李圭白　院士　哈尔滨建筑大学

陈卫（女）副教授　南京建工学院

范瑾初　教授　同济大学

金兆丰　教授　同济大学

赵乱成　教授　西北建工学院

陶　涛　副教授　武汉城建学院

黄廷林　教授　西安建筑科技大学

黄　勇　副教授　苏州城建环保学院

彭永臻　教授　哈尔滨建筑大学

蒋展鹏　教授　清华大学

（哈尔滨建筑大学崔福义教授任秘书）

2001 年建设部"建人教〔2001〕207 号"文件

高等学校给水排水工程专业指导委员会

主 持 学 校：哈尔滨工业大学

主 任 委 员：李圭白

副主任委员：蒋展鹏　范瑾初　龙腾锐

委员（共 19 人）：

王启山　教授　天津城建学院

龙腾锐　教授　重庆大学

张　杰　院士　中国市政东北设计研究院

张　智　教授　重庆大学

张晓健　教授　清华大学

张雅君　女　副教授　北京建工学院

李亚新　副教授　太原理工大学

李圭白　院士　哈尔滨工业大学

陈　卫　女　副教授　南京工业大学

陆坤明　高级工程师　深圳自来水公司

范瑾初　教授　同济大学

金兆丰　教授　同济大学

赵乱成　教授　长安大学

陶　涛　教授　华中科技大学

崔福义　教授　哈尔滨工业大学

黄廷林　教授　西安建筑科技大学

黄　勇　教授　苏州科技学院

彭永臻　教授　哈尔滨工业大学

蒋展鹏　教授　清华大学

（哈尔滨工业大学崔福义教授兼秘书）

（4）第四届高等学校给水排水工程专业指导委员会（2005～2010年）

2005年建设部"建人〔2005〕191号"文件

主 持 学 校：哈尔滨工业大学

顾　　　问：（按姓氏笔画排序，共2人）

张　杰　院士　哈尔滨工业大学

李圭白　院士　哈尔滨工业大学

主 任 委 员：崔福义　教授　哈尔滨工业大学

副主任委员：（按姓氏笔画排序，共3人）

张晓健　教授　清华大学

张　智　教授　重庆大学

高乃云（女）教授　同济大学

委　　　员：（按姓氏笔画排序，共22人）

王三反　教授　兰州交通大学

王　龙　教授　山东建筑工程学院

邓慧萍（女）教授　同济大学

吕　谋　教授　青岛理工大学

何　强　教授　重庆大学

张学洪　教授　桂林工学院

张金松　教授级高工　深圳水务集团

张晓健　教授　清华大学

张　智　教授　重庆大学

张朝升　教授　广州大学

张雅君（女）教授　北京建筑工程学院

陈　卫（女）教授　河海大学

郑兴灿　教授级高工　中国市政工程华北设计研究院

施　周　教授　湖南大学

袁一星　教授　哈尔滨工业大学

陶　涛　教授　华中科技大学

高乃云（女）教授　同济大学

高俊发　教授　长安大学

崔福义　教授　哈尔滨工业大学

黄　勇　教授　苏州科技学院

黄廷林　教授　西安建筑科技大学

彭永臻　教授　北京工业大学

（哈尔滨工业大学李伟光教授任秘书）

（5）第五届高等学校给水排水工程专业指导委员会（2010～2013年）

2010年住房城乡建设部"建人函〔2010〕68号"文件

主 持 学 校：哈尔滨工业大学

主 任 委 员：崔福义　教授　哈尔滨工业大学

副主任委员：（共5人，按姓氏笔画排序）

邓慧萍　教授　同济大学

刘志琪　常务副秘书长　中国城镇供水排水协会

张　智　教授　重庆大学

张土乔　教授　浙江大学

张晓健　教授　清华大学

委　　　员：（共19人，按姓氏笔画排序）

方　正　教授　武汉大学

吕　鑑　教授　北京工业大学

李亚峰　教授　沈阳建筑大学

汤利华　教授　安徽建筑工业学院

张克峰　教授　山东建筑大学

张学洪　教授　桂林理工大学

张国珍　教授　兰州交通大学

张祥中　教授　福州大学

张朝升　教授　广州大学

张雅君　教授　北京建筑工程学院

陈　卫　教授　河海大学

岳秀萍　教授　太原理工大学

施　周　教授　湖南大学

施永生　教授　昆明理工大学

袁一星　教授　哈尔滨工业大学

顾　平　教授　天津大学

陶　涛　教授　华中科技大学

黄　勇　教授　苏州科技学院

黄廷林　教授　西安建筑科技大学

（第五届指导委员会聘任顾问：李圭白院士和张杰院士）

［哈尔滨工业大学李伟光教授、时文歆教授（2012 年 8 月增补）任秘书］

（6）第六届高等学校给排水科学与工程学科专业指导委员会（2013 年～）

2013 年住房城乡建设部"建人函〔2013〕99 号"文件

主 持 学 校：哈尔滨工业大学

主 任 委 员：崔福义　教授　哈尔滨工业大学

副主任委员：（共 5 人，按姓氏笔画排序）

邓慧萍　教授　同济大学

张　智　教授　重庆大学

张土乔　教授　浙江大学

张晓健　教授　清华大学

　　　　　　赵　锂　教授级高工　中国建筑学会建筑给水排水研究分会

委　　　员：（共 19 人，按姓氏笔画排序）

　　　　　　方　正　教授　武汉大学

　　　　　　吕　鑑　教授　北京工业大学

　　　　　　李亚峰　教授　沈阳建筑大学

　　　　　　张克峰　教授　山东建筑大学

　　　　　　张学洪　教授　桂林理工大学

　　　　　　张国珍　教授　兰州交通大学

　　　　　　张祥中　教授　福州大学

　　　　　　张朝升　教授　广州大学

　　　　　　张雅君　教授　北京建筑大学

　　　　　　陈　卫　教授　河海大学

　　　　　　岳秀萍　教授　太原理工大学

　　　　　　施　周　教授　湖南大学

　　　　　　施永生　教授　昆明理工大学

　　　　　　袁一星　教授　哈尔滨工业大学

　　　　　　顾　平　教授　天津大学

　　　　　　陶　涛　教授　华中科技大学

　　　　　　黄　勇　教授　苏州科技学院

　　　　　　黄廷林　教授　西安建筑科技大学

　　　　　　黄显怀　教授　安徽建筑大学

（第六届指导委员会聘任顾问：李圭白院士和张杰院士）

（哈尔滨工业大学李伟光教授、时文歆教授任秘书）

2.1.2　教材编审委员会活动

　　1963 年，在建筑工程部教育司的主持下，于北京成立了给水排水工程专业教材编审委员会并召开了第一次会议。参与学校共有 8 所，参与人员共 15 人。

　　1964 年，编审委员会开会落实编写教学大纲和编写教材交稿时间，并准备于 1966 年 5 月出版编写的教材。1966 年 4 月，编审委员会在北京开会，研究教材出版计划、审查落实情况，但由于"文革"开始，委员会突然被通知取消会议。编审委员会停止活动。

"文革"结束后，教材编审活动恢复。1978 年 1 月，国家基本建设委员会教育司在哈尔滨召开全国高等院校给水排水专业教材座谈会，哈尔滨建筑工程学院协助组织和主持，各校负责本专业和教材的领导与老师 50 多人参加，讨论、确定分工编写教材。

1981 年 10 月，城乡建设环境保护部设立"高等工业学校给水排水及环境工程类"专业教材编审委员会。1983 年 11 月，在长沙召开了全国高校给水排水工程专业教学大纲会议。此次会议工作内容包括：培养目标确立，教学计划制定，教学大纲修编，教材编写的落实情况等。完成大纲修编的课程有：给水管网、给水处理、水泵及水泵站、水文学、工程水文地质、污水处理、给水排水工程结构、水力学、微生物学、水分析化学。

1984 年 4 月，城乡建设环境保护部组织和主持召开了教材编审委员会第二次会议，讨论各门课程教学大纲，各校授课教师 120 多人参加，分组开会。1986 年 5 月，教材编审委员会在福建泉州召开会议；1987 年 5 月，在四川重庆召开会议。参加以上会议的有：清华大学顾夏声教授、王占生教授，同济大学胡家骏教授、许建华教授，哈尔滨建筑工程学院李圭白教授、张自杰教授、颜虎教授，重庆建筑工程学院姚雨霖教授，湖南大学姜乃昌教授，天津大学林荣忱教授和中国建筑工业出版社俞辉群副编审等。这些会议主要研究、检查教材编写进度，审查编写大纲以及研究建议教材主审人等问题。

2.1.3　第一届指导委员会（1989～1994 年）活动

1989 年 5 月，建设部设立"高等学校给水排水工程学科专业指导委员会"，并任命了第一届指导委员会，1989 年 5 月在北京召开第一次会议。本届委员会共召开了 6 次委员会议。

委员会主要工作仍是教材建设。同时认为近期应抓本科毕业设计的质量，决定将指导委员会成员分成 2 个毕业设计评估组，每年对 2～3 所学校的本科毕业设计进行评估。一共开展了 3 批毕业设计评估，参加评估的学校有：哈尔滨建筑工程学院、同济大学、重庆建筑工程学院、沈阳建筑工程学院、北京建筑工程学院、北京工业大学、太原工学院、湖南大学、西安冶金建筑学院、天津城市建设学院、武汉城市建设学院等。毕业设计评估起到了交流促进的作用，有效推动了毕业设计质量的提升。

2.1.4　第二届指导委员会（1994～1998 年）活动

1994 年 11 月，建设部发文（建教〔1994〕709 号）成立第二届全国高等学校给水排水工程学科专业指导委员会。本届委员会共召开了 4 次委员会议及 1 次工作会议。

在继续重视教材建设的同时，教育改革成为本届委员会的重要议题。

在 1995 年举行的二届一次会议上，讨论了专业教育改革的基本思路，认为为了适应市场经济对专业人才的需求，进行专业改革是必要的，提出了扩大专业面、强化素质和能力培养等改革思路。为此，开展了本科生和研究生培养方案的制定工作，在 1996 年二届二次会议上提出了专业培养方案框架，在 1996 年的二届三次会议上对此进行了较为深入的讨论。

1996 年，由中国土木工程学会给水排水学会和全国高等学校给水排水工程学科专业指导委员会牵头，启动了国家"九五"科技攻关计划"水工业学科设置研究"项目；1997 年 10 月，中国土木工程学会给水排水学会、全国高等学校给水排水工程学科专业指导委员会、国家城市给水排水工程技术研究中心联合在北京组织召开了"水工业及其学科体系研讨会"，研讨会编辑了会议论文集，收录论文 40 余篇。水工业学科设置研究对专业改革起到了积极的推动作用。

1996 年的指导委员会会议上，还提出了专业名称和学科名称不适应实际情况的问题。

1997 年，在教育部组织的全国专业目录修订中，给水排水工程专业遇到了专业能否存留的问题。通过指导委员会的努力，经与教育部直接沟通，最终在 1997 年专业目录中成功保留了给水排水工程专业。

在教材建设方面，3 部教材被评为国家"九五"重点教材，4 部教材列为普通高等教育建设部"九五"重点立项教材（建教〔1996〕591 号）；1995 年，《给水排水工程计算机程序设计》（彭永臻、崔福义编著，中国建筑工业出版社出版）获得第三届全国普通高等学校建筑类专业优秀教材二等奖。为了提高教材质量，二届一次会议提出建立教材编写的竞争机制。

专业毕业设计评估收尾总结工作。二届一次会议对上届委员会的评估工作给以高度评价，同时认为本届委员会的工作重点已经转移到专业教育改革方面，毕业设计评估工作告一段落。

开展了全国高校给水排水工程专业调查工作。截止到 1996 年 3 月末，全国有 48 所高校设有给水排水工程本科专业，有教授 68 名、副教授 179 名；1995 年共招收本科生 2210 名；有 13 所学校具有硕士学位授予权，1995 年招收硕士研究生 66 名；清华大学、同济大学和哈尔滨建筑大学具有博士学位授予权，1995 年招收博士研究生 9 名；哈尔滨建筑大学市政工程学科为国家重点学科。

本届指导委员会的工作任务还包括专科指导。1995 年二届一次会议提出了专科指导问题，成立了由周虎城为组长，符九龙、钟映恒和张文华组成的专科指导小组筹备组。1996 年 4 月 3 日成立了专科专业指导小组，周虎城为组长，钟映恒和张文华为副组长，符九龙和邵林广为成员，并召开第一次工作会议。1996 年的二届二次会议上，对专科小组的工作计划和专科教育培养方案的基本思路进行了认真审议。此后，专科组独立开展活动。

2.1.5　第三届指导委员会（1998～2005 年）活动

1998 年，建设部发文成立第三届高等给水排水工程学科专业指导委员会（建人教〔1998〕170 号）（2001 年建设部"建人教〔2001〕207 号"文件对部分委员进行了调整增补）。本届委员会共召开了 9 次全体委员会议（其中 5 次为扩大会议），还根据工作需要召开了 7 次有部分委员参加的工作会议。

主要工作是以深化教育教学改革为重点。改革中逐步统一形成了基本思路：坚持我国给水排水工程专业办学特色，发展与更新我国的给水排水工程专业；明确专业内涵，拓宽专业口径与服务领域，更新培养目标与课程体系；明确专业目标为实现水的良性社会循环，服务国家建设；厘清与相近专业的区别，包括学科基础与课程体系。

（1）专业改革

随着研讨的深入，特别是经过 1997 年国家专业目录调整的风波，委员会对改革必要性的认识不断提高、改革思想逐步得到统一、改革的力度不断加大、改革工作得以加速进行。

在 1998 年 10 月举行的三届一次（扩大）会议上，以给水排水工程专业的教改为主题进行了专题讨论。会议在专业改革的必要性、迫切性、改革的力度等方面取得了共识，明确了改革的指导思想。

1999 年 1 月，在北京召开了"九五"国家科技攻关子专题"水工业的学科体系建设研究"成果评审会，成果中正式提出了"水工业学科体系"的概念。

1999 年 6 月举行的三届二次（扩大）会议，认为"给水排水工程专业面临一个前所未有的发展机遇"、"加大改革力度，拓宽专业面，建立新的专业培养模式，是本届委员会的中心任务"。会议提出了专业培养方案（报批稿），作为各学校制定教学计划的基本依据，多数学校自 1999 级或 2000 级开始实行或部分实行新的培养方案。

此后的几次会议分别针对与新培养方案配套的教材建设工作、专业名称问题等进行了研讨。组织编写了包括 10 门主干课程在内的 17 门课程的教学基本要求。在 2001 年 7 月的三届五次会议上，通过了"关于实施新培养方案课程安排的建议"；2003 年，对培养方案的个别内容进行了修订，形成了包括 10 门主干课、19 门专业基础课和 17 门专业课的课程体系。这些成果以《全国高等学校土建类专业本科教育培养目标和培养方案及主干课程教学基本要求——给水排水工程专业》（中国建筑工业出版社，2004 年）一书正式出版。为了配合新培养方案的实施，陆续组织开展了一系列配套教材的编写工作；2003 年举行的三届七次会议提出要举办一些课程的教学研讨班。

2000 年，随着专业改革的深入，启动了教育部 21 世纪初高等理工科教育教学改革项目"给水排水专业工程设计类课程改革的实践"，该项目在指导委员会的总体协调下，由李圭白院士为负责人，由哈尔滨工业大学、清华大学、同济大学、重庆大学等 24 所高等学校共同进行研究与实践。2003 年召开了教改经验交流会，出席会议的有来自全国 50 多所高校给水排水工程专业的代表，会议编印论文集一部，收入研究报告 64 篇。项目于 2003 年 10 月通过专家组验收，2004 年 10 月通过全国高等学校教学研究中心组织的鉴定。2005 年 9 月，以该项目成果为主要依托，教改成果"给水排水专业课程体系改革、建设的研究与实践"获得国家级教学成果二等奖。

（2）专业名称

专业名称更新一直为各有关学校普遍关注，修改专业名称也是专业改革的一个重要内容。1998 年指导委员会提出研究专业名称更新的问题，认为："给水排水工程"专业名称已不符合专业的情况，束缚了专业的发展，应在适当的时候予以更名。在多年的讨论中对新的专业名称，曾提出许多方案："水工程与工艺"、"水工程"、"水和废水工程"、"水科学与工程"、"水工艺与工程"等。指导委员会经过多次讨论，最后于 2005 年确定采用具有普遍共识的名称"给排水科学与工程"，决定向国家有关部门提交"关于高等学校本科教育《给水排水工程》专业的专业名称调整为《给排水科学与工程》的建议"。2005 年 8 月，指导委员会发出"高等学校给水排水工程专业指导委员会关于专业名称调整办法的通知"，明确"在教育部的专业目录正式修订前，专业名称'给水排水工程'和'给排水科学与工程'将暂时并存，这两个名称为完全同一专业的不同表述"。到 2007 年，已有 7 所学校将给水排水工程专业更名为给排水科学与工程专业。

（3）教材建设

新专业培养方案确定之后，加强配套教材建设更为重要。本届委员会进行了以主干课教材为核心的教材建设，新的教材体系初步形成。在教材选题与组织编写等方面逐步建立与完善竞争机制、建立教材的主编负责制等。

在 1999 年的第二次会议上，围绕以 10 门主干课为主的教材建设，优先研究确定了 7 部教材编写计划。

在 2002 年的第六次会议上，确定了第 2 批主要课程教材编写计划，有 5 部教材列入计划。

此外，还有 11 部教材被先后列入编写计划。

其间，16 部教材入选建设部土建学科专业"十五"教材规划（建人教高函〔2002〕103 号）；4 部教材入选国家级"十五"规划教材。2002 年，《水工艺仪表与控制》（哈尔滨工业大学崔福义主编）获得全国普通高等学校优秀教材二等奖。

（4）启动专业发展战略研究工作

2004 年 9 月 20 日，在北京召开高等学校给水排水工程专业指导委员会工作会议，讨论行业发展与学科专业发展战略等问题，成立了给水排水工程专业发展战略研究报告起草小组；2005 年 11 月，给水排水工程专业发展战略研究（第一稿）完成。

（5）专题报告与经验交流

指导委员会结合学科建设与形势的需要，组织开展了多方面的交流活动。

为了配合国家有关部门开展专业教育评估、顺利实施注册工程师制度，指导委员会在几次会议上进行了专题讨论，对评估工作给以积极的配合；开展了对国内高校给水排水工程专业现状和毕业生需求情况的调查，以及对国外学校有关专业教育、专业评估情况的调查，为评估文件的制定提供了重要的依据。

在 2002 年召开的第六次会议上，听取了深圳水务集团公司陆坤明委员所作的关于中国水务情况的报告。

在 2003 年召开的教改经验交流会上，有 50 余所学校的代表与会，有 14 位代表分别就教育部教改项目研究总体情况和各子题研究做了大会发言。与会代表还进行了热烈深入的讨论，分别介绍了各校的改革经验，并就教改中遇到的问题提出了许多好的建议，对进一步推进专业改革产生了十分积极的作用。

在 2004 年召开的第八次会议上，张杰院士和李圭白院士分别做了关于"城市水系统健康循环"和"试论水的良性循环"的学术报告，从战略高度对水问题进行了全面论述，对于指导委员会今后工作的开展和教学研究极大地开阔了思路。高乃云教授介绍了同济大学的教改经验，以及毕业生社会需求调查情况。

2.1.6 第四届指导委员会（2005～2010年）活动

2005年10月，建设部发文（建人〔2005〕191号）成立第四届高等学校给水排水工程专业指导委员会。本届委员会共召开了5次全体会议，还召开了3次工作会议。

本届委员会开展了一系列的专项活动，探索改革经验，将教改工作推向深入。

（1）研究创新型人才培养模式

根据不同类型创新型人才的培养目标，指导委员会以"加强基础、更新内容、整体优化、重视实践、加强能力、提高素质"为指导思想，提出了培养创新型人才为核心的办学目标，开展了制定给水排水工程专业创新型人才培养方案的探索研究工作，邀请部分委员在各次会议上围绕人才培养目标、特色、模式的创新与改革及效果等问题做了一系列的交流报告，系统地分析比较了全国36所各类学校给水排水工程专业的既有教学计划，在把握专业基本规格的基础上，以"统筹规划、分类指导、彰显特色"为宗旨，指导全国各高校创新型专业人才培养方案的制定工作。组织编写了"部分高校给水排水工程专业教学计划比较与分析"研究报告并进行了多次的研讨，通过指导不同类型学校实施"研究型"与"应用型"两类培养模式，取得了显著的专业教育改革成果。以高等学校给水排水工程专业指导委员会为平台，哈尔滨工业大学、清华大学、同济大学、重庆大学作为牵头学校，联合申报了"给水排水工程专业创新型人才培养体系建设研究与实践"研究成果，获2009年度黑龙江省优秀教学成果一等奖。

教材与精品课建设。教材建设是指导委员会工作的重点之一。指导委员会组织编写了本专业部分主干课程系列推荐教材，共规划推荐16部，其中13部教材于2007年被评为普通高等教育土建学科专业"十一五"规划教材（建人教高函〔2007〕83号），其中7部同时被评为普通高等教育"十一五"国家级规划教材。这批教材充分吸收给水排水行业的最新科技成果，并体现出本专业的工程特色，在全国高校教学实践后获得好评。

为进一步推动给水排水工程专业创新型人才教学体系的建设，以指导委员会委员所在学校为主体，重点进行了《水质工程学》等精品课程建设，以"精品课程"的一流教师队伍、一流教学内容、一流教学方法、一流教材的示范作用，促进了全国高校给水排水工程专业的建设。2005年以来，本专业有7门次课程被评为国家级精品课程，35门次课程被评为省级精品课程、重点建设课程和优秀课程；3门次课程被评为国家级精品资源共享课程，6门次课程被评为省部级精品资源共享课程。

（2）课程教学研讨

随着教改的深化，形成了新的课程体系和培养方案，为使新教材的使用满足不同类型高校的需要，进一步提高教学质量，需要加强研讨教学方法。2006 年 7 月在太原召开了首次课程研讨会，即《建筑给水排水工程》课程教学研讨会，此后本届指导委员会陆续召开了 9 门课程教学研讨会。

（3）实践教学环节的改革与建设

围绕加强教学改革、提高教学质量工作，特别是为了推动实践性教学的改革，指导委员会陆续组织开展了本科生优秀毕业设计（论文）评选活动、本科生科技创新评选活动和优秀教学研究论文评选活动。

1）本科生优秀毕业设计（论文）评选。2005 年四届一次会议决定举办本科生优秀毕业设计、毕业论文的评选活动；2006 年四届二次会议制定颁布了"全国高校给水排水工程（给排水科学与工程）专业本科生优秀毕业设计（论文）评选办法（试行）"，此后于 2008 年 8 月在四届四次会议上进行了修订；在 2007 年举行的四届三次会议上进行了首次评选奖励。此后每 2 年进行一次评选，延续至今。在本届委员会于 2007年和 2009 年进行的两次评选中，共计表彰了 32 项优秀毕业设计（论文），另外还有提名奖 11 项。

2）本科生科技创新活动。2008 年 8 月举行的四届四次会议制定了"本科生科技创新活动的意见"及"优秀科技创新项目评选办法"，每 2 年进行一次评选，延续至今。在 2009 年 8 月举行的四届五次会议上开展了首次评选，共计表彰了 8 项优秀科技创新项目，另外还有提名奖 3 项。

3）优秀教学研究论文评选。2007 年的四届三次会议启动了教师优秀教学研究论文评选奖励。此项活动是与课程建设研讨相匹配的，指导委员会对每次课程研讨会征集的论文进行评选，每 2 年进行一次评选，延续至今。在 2007 年和 2009 年两次扩大会议上共评选出 20 篇优秀教学研究论文并进行了表彰。

以上的评选表彰工作对学生的实践环节与教师的教学工作起到了导向性、示范性作用，取得了良好效果。

（4）专业规范研制工作

专业规范研制对专业建设与发展具有重要的指导意义。2007 年的指导委员会四届三次会议决定根据教育部和建设部的有关要求，着手专业规范建设的前期准备工作。2009 年指导委员会组织哈尔滨工业大学等 16 所高校共同承担了住房城乡建设部教学改革项目"给水排水工程专业发展战略与专业规范研究"。2009 年 2 月在北京市召开了项目启动会议，会议传达了教育部和住房城乡建设部关于专业规范编制工作的有关指示精神，根据高等学校理工科本科指导性专业规范研制要求所确定的基本原则和编制内容，结合原有工作基础，经过认真讨论确定了专业规范研制工作分工及进度计划。指导委员会分别与各项目承担学校签订协议书，确定了各项目承担单位相应的研究内容及责任，同时提供了研究经费。2009年8月在长沙召开了项目组工作会议，会上各承担单位汇报了专业规范研制进展情况，认真讨论了存在的问题及下一步的工作计划。

（5）一级学科调整申报工作

根据住房城乡建设部转发的国务院学位委员会和教育部关于修订学位授予和人才培养学科目录的通知要求，指导委员会于2009年6月在哈尔滨召开了"市政工程学科"申报调整为一级学科的工作会议，出席会议的有哈尔滨工业大学、清华大学、同济大学、重庆大学等10余所高校的代表。与会代表根据此次学科调整工作的基本要求和原则，结合市政学科的现状及今后的发展态势，对市政学科的调整工作进行了认真的讨论和分析，并征求了国内多所高校对学科调整建议书（讨论稿）的意见和建议，在此基础上哈尔滨工业大学、河海大学负责对学科调整建议书统稿，并征得了9位同行或相近行业院士的签名支持，由指导委员会按照住房城乡建设部的通知要求上报。尽管此项建议未能在国家的学科目录修订中被采纳，但是对学科的系统梳理与归纳工作是有非常积极意义的。

（6）对外合作与宣传工作

2008年8月举行的四届四次会议上，指导委员会与《中国给水排水》杂志社达成了战略合作意向，《中国给水排水》杂志社与指导委员会将相互支持，合作双赢。此后，陆续启动了若干项指导委员会与本行业企业的战略合作，指导委员会开展的系列评优活动分别由企业赞助并冠名，先后冠名的有：《中国给水排水》编辑部冠名的"《中国给水排水》杯全国高校给水排水工程专业本科生科技创新优秀奖"、海南立昇净水科技实业有限公司冠名的"立昇杯全国高校给水排水工程专业本科生优秀毕业设计（论文）奖"、哈尔滨多相水处理技术有限公司冠名的"多相杯全国高校给水排水工程专业教学改革研究优秀论文奖"、上海自然与健康基金会冠名的"李圭白市政工程学科优秀工学博士学位论文奖励基金"。

2009年的四届五次会议还决定依托《中国给水排水》编辑部网站（http://www.watergasheat.com）设立高等学校给水排水工程专业指导委员会网页，为加强指导委员会与全国各高校的联系开辟了新的窗口。指导委员会与《中国给水排水》编辑部还共同发起组建了"中国给水排水学术联盟"。

2.1.7   第五届指导委员会（2010～2013 年）活动

2010 年 3 月，住房城乡建设部发文（建人函〔2010〕68 号）成立第五届高等学校给水排水工程专业指导委员会。本届委员会共召开了 3 次全体会议。

本届委员会以培养给排水专业创新型人才为核心，在给排水专业的规范化与特色化建设、课程教学的创新与实践、实践教学环节的改革与建设等方面，进行了更加广泛深入的研究与改革实践。尤其在 2012 年，"给排水科学与工程"专业名称的采用和专业规范批准颁布实施，是本专业在办学 60 周年之际迎来的 2 个标志性重大事件。

（1）专业更名成功

指导委员会多年大量的更名工作终于获得成功。2012 年 9 月 14 日，教育部"关于印发《普通高等学校本科专业目录（2012 年）》《普通高等学校本科专业设置管理规定》等文件的通知"（教高〔2012〕9 号）发布，沿用了多年的"给水排水工程"专业名称正式调整为"给排水科学与工程"专业。"给排水科学与工程"专业名称回答了办什么专业的问题，更好地反映了为实现水的良性社会循环服务的专业核心内涵，充分体现了学科专业的发展：给水与排水的统一，科学与工程的融合，继承与发展的表述，专业口径与服务领域的拓宽，培养目标与课程体系的更新。

（2）完成了专业规范研制并开展规范宣贯

指导委员会组织哈尔滨工业大学等 16 所高校继续开展住房城乡建设部教学改革重点项目"给水排水工程专业发展战略与专业规范研究"的相关工作，2010 年 3 月 29 日在广州举行工作会议，2011 年 4 月项目通过土建学科教学指导委员会专家组验收。2012 年 11 月，《高等学校给排水科学与工程本科指导性专业规范》及《高等学校给排水科学与工程专业发展战略研究报告》获得住房城乡建设部批准颁布执行。《高等学校给排水科学与工程本科指导性专业规范》（第一版）于 2012 年 11 月由中国建筑工业出版社出版。

此前，在 2012 年 8 月举行的五届三次会议就对规范宣贯工作进行了部署。为了使相关高校更好地了解《高等学校给排水科学与工程本科指导性专业规范》的内容，2012 年 12 月初指导委员会在厦门华侨大学召开全国范围的高等学校给排水科学与工程本科指导性专业规范实施研讨会。2013 年 6 月在太原理工大学召开的给排水科学与工程专业"实习教学及实习基地建设"教学与改革研讨会上，对《专业规范》再次进行了宣讲。

"卓越计划"启动实施。2011年，指导委员会承担了住房城乡建设部教学改革重点项目"围绕'卓越计划'，创新给水排水工程专业工程教育人才培养体系研究"的研究工作。2011年的五届二次会议和2012年的五届三次会议，都对此进行了研讨。指导委员会配合"卓越计划"专家组提出了给水排水工程专业（给排水科学与工程专业）"卓越工程师教育培养计划"行业培养标准，并经批准颁布实施。首批参加给水排水工程专业"卓越计划"试点学校（哈尔滨工业大学、同济大学、西安建筑科技大学、长安大学）提出了本校的"卓越计划"给水排水工程（给排水科学与工程）专业本科人才培养方案。该项目于2013年4月在苏州通过了土建学科教学指导委员会组织的专家验收。

给水排水工程（给排水科学与工程）专业先后有3批9所学校进入"卓越计划"试点。

（3）教材建设与教学研讨

2011年3月，指导委员会推荐的16部教材被批准为土建学科"十二五"规划教材（建人函〔2011〕71号），其中5部同时为国家"十二五"规划教材。

本届指导委员会举办了《给水排水管网系统》等5门课程教学研讨会，总计有来自全国近百所高校的300多名教师参加了相关课程的教学研讨，收到了教学改革论文近70篇。

指导委员会继续在全国相关高校开展给排水科学与工程专业优秀毕业设计（论文）等评选活动，评选出优秀毕业设计（论文）15项、本科生优秀科技创新项目10项、教师优秀教学研究论文10篇。通过这些评优活动，对全国高校本专业实践教学工作的开展提供了指导。

（4）研究生教育

指导委员会根据学科建设的需要，为加强对研究生教育的指导工作，提高研究生的培养质量，决定开展市政工程学科博导论坛及博士生论坛活动。在举办博士生论坛的同时，进行"李圭白市政工程学科优秀博士学位论文"的评选颁奖（该项评选的第一次颁奖是在2011年的五届二次会议上进行的）。

2011年4月初，指导委员会在三亚召开了全国首届市政工程学科博导论坛，2013年4月在苏州召开了全国第二届市政工程学科博导论坛。每次论坛都有来自全国10余所高校的40余名博士生导师出席，就博士生的创新能力培养等内容进行了交流。论坛得到了海南立昇净水科技实业有限公司赞助。

2012 年 8 月，在上海举办了首届全国市政工程博士研究生论坛（美国哈希公司赞助），征集研究论文 84 篇，56 名博士生参加，论坛以"学生主导，专家参与"的模式举行，邀请专家和与会者对交流的论文进行点评，使参与者在互动交流中受到启发和引导。论坛评出并表彰优秀论文 34 篇；同时，颁发了"李圭白市政工程学科优秀博士学位论文奖" 10 名。此后，博导论坛与博士生论坛分别每两年召开一次。

（5）中国水业人物评选

2011 年起，指导委员会作为主办机构之一，与其他几个全国性行业组织共同创立并组织了"中国水业人物"评选活动。指导委员会通过委员提名方式推荐了"教学与科研贡献奖"、"工程与技术贡献奖"、"运营与管理贡献奖"和"终身成就奖"等候选人。迄今历经四届，已经评选出了 2011～2014 年度的水业人物 45 名，其中教学与科研贡献奖 14 名获奖人中有 10 人是高校给水排水专业教师，部分来自企业的指导委员会委员或评估委员会委员、对专业建设活动给予特殊支持的业内专家，也成功获奖。

（6）联系人制度

2012 年 8 月的五届三次会议决定建立指导委员会省区联系人制度，每位指导委员会委员负责联系指定省区的相关高校、明确各高校的相关联系人（六届一次和二次会议对部分联系人负责的片区分工做了个别调整）。设立联系人是指导委员会工作方法上的一个创新，在规范宣贯等工作中，联系人制度发挥了重要的作用。

2.1.8　第六届指导委员会（2013 年～至今）活动

2013 年 5 月，住房城乡建设部发文（建人函〔2013〕99 号）成立第六届高等学校给排水科学与工程学科专业指导委员会。至 2015 年 12 月，本届指导委员会已经召开过 3 次委员会会议。

本届指导委员会的主要工作紧紧围绕"专业规范"及"卓越计划"的实施、规划教材建设、深化教学改革等内容展开。

指导委员会认为，给排水科学与工程专业进入了新的历史发展时期，应深刻认识理解专业建设与人才培养的关系，落实好专业发展战略与专业规范；进一步加大专业综合改革力度，使专业办学走上更加规范化的轨道；要不断提升专业的影响力，满足社会经济发展的需求。

（1）规范宣贯

2012 年《高等学校给排水科学与工程本科指导性专业规范》颁布后，指导委员会高度重视规范的宣讲工作。按照住房城乡建设部的要求，在前期厦门（2012.12）和太原（2013.6）宣贯的基础上，指导委员会又陆续开展了大规模的分片区《专业规范》宣讲活动，先后在兰州（2013.8）、济南（2014.3）、武汉（2014.4）、长春（2014.6）、哈尔滨（2014.7）、重庆（2014.11）、合肥（2014.12）、广州（2014.12）、北京（2015.4）等地举办了9次大规模的规范宣讲会，有近百所高校800余名教师参会。规范宣贯工作取得了很好的效果，达到了预期的目的，为《专业规范》在各高校的实施奠定了基础。

此外，还在我国给水排水行业主流刊物《给水排水》和《中国给水排水》上分别发表相关文章，对给排水科学与工程专业规范和专业发展战略进行了宣传。

（2）专业标准制定

2014年4月，教育部召开"教育部本科专业类教学质量国家标准研制工作会议"。根据会议的精神，以及高等学校土建学科教学指导委员会"关于做好土建类专业教学质量国家标准编制工作有关问题的说明"，指导委员会开展了专业标准的编制工作。

2014年8月在贵阳召开的指导委员会六届二次会议上，对给排水科学与工程专业标准初稿进行了认真讨论，形成了征求意见稿向全国相关高校和部分业内专家征求意见，并由教育部组织征求了物理和计算机2个基础课教指委的意见。指导委员会根据修改意见进一步修改后，已在2014年11月按要求上报；并于2015年6月按照专家意见修改后，报教育部待批。

（3）"卓越计划"推进

"卓越工程师教育培养计划"是培养创新型人才的一种新探索，已经有9所高校分3批进入给排水科学与工程专业"卓越计划"试点。为推进"卓越计划"的开展，进一步总结实施"卓越计划"的经验，指导委员会于2014年7月在西安召开了实施"卓越计划"经验交流研讨会，出席本次经验交流会的代表近90人。9所试点高校的代表介绍了各自的经验及遇到的问题和困难，来自业内企业界的代表就企业对人才的需求和卓越工程师培养过程中企业应发挥的作用等问题做了分析。会议开展了热烈的讨论，交流了经验并达成若干共识。

（4）教材建设与教学研讨

根据行业发展的需要，按照住房城乡建设部的要求，在2013年举行的六届一次会议上决定组织编写《城市垃圾处理》教材。2013年11月在北京召开编写工作启动会并明确了主编、参编单位及相关的编写要求；在2014年指导委员会六届二次会议上明确了《城市垃圾处理》教材的主审及进度要求。《城市垃圾处理》教材已在2015

年由中国建筑工业出版社出版。在 2015 年举行的六届三次会议上决定组织编写《水化学》教材，以适应专业改革深化发展的需要。

在新版和再版规划教材编写方面，主要强调教材内容要符合《专业规范》的要求。

为促进全国相关高校实践教学工作的深入开展，指导委员会组织出版了《给排水科学与工程专业本科生优秀毕业设计（论文）汇编》（邓慧萍主编，中国建筑工业出版社 2013 年 8 月第一版）。

继续举办各门课程教学研讨会。自 2014 年 5 月至 2015 年底，分别举办了"建筑给水排水工程"等 3 门课程研讨会和实习导则研讨会，共有近百所学校的近 400 名教师参加了这些教学研讨活动。

2013 年六届一次会议根据近年来本科生优秀毕业设计（论文）评审工作的经验，为更好地开展这项工作，对本科生优秀毕业设计（论文）评选办法等进行了修订并重新颁布。至 2015 年，本届委员会已经在 2013 年 8 月六届一次会议和 2015 年 8 月六届三次会议上组织了 2 次评选活动，共评选出优秀毕业设计（论文）30 项、本科生优秀科技创新项目 14 项、优秀教学研究论文 20 篇。

（5）实践与创新的引导

给排水科学与工程专业作为一个工科专业，务必注意加强实践型、创新型人才培养。这些不仅体现在了编制出台的专业规范、专业评估工作、卓越计划实施、本科生优秀科技创新项目评选等方面，本届指导委员会还推出了 2 个新的举措，即组织学生实习导则编写和组织开展"全国高等学校给排水相关专业在校生研究成果展示会"。

1）实习导则编写。为了保障实习这一本科生重要实践环节的有效性，2014 年专业指导委员会六届二次会议决定制定《高等学校给排水科学与工程专业学生企业实习导则》（太原理工大学，岳秀萍主持编写）。2015 年指导委员会六届三次会议对实习导则（征求意见稿）进行了审议修改，会后形成的导则（报批稿）提交住房城乡建设部审批。为了更好地宣传实习导则，2015 年 12 月在桂林召开了《高等学校给排水科学与工程专业学生企业实习导则》宣讲与实施研讨会，共有 40 所高校的近百名教师参加了研讨。

2）组织"全国高等学校给排水相关专业在校生研究成果展示会"。为了提高学生的创新、创业能力，由高等学校给排水科学与工程学科专业指导委员会、中国城镇供水排水协会科学技术委员会和深圳市科学技术协会联合主办，深圳市水务（集团）有限公司承办的首届"全国高等学校给排水相关专业在校生研究成果展示会"于 2015 年 9 月 14 ～ 15 日在深圳会展中心成功举行。全国约 150 所高校参加本次展会，参展学生代表逾 200 人，全国水务同行及投资机构百余名代表参加会议，参会总人数超过 500 人。展会设最佳产品奖、最佳方案奖、最佳专利奖和最佳论文奖。评选委员会从 40 多所高校推荐的 183 项给排水专业作品中评选出各类获奖作品 32 项。

鉴于本次展会在社会取得良好反响，主办单位决定将展会定期在深圳市举办，周期为 2 年。展会还将通过设立创业基金，进一步发展成为多功能创新、创业和投资平台。

（6）研究生指导

2014 年 4 月，在南京举办了第二届市政工程博士生论坛，来自全国 10 余所高校的 56 名博士研究生参加了此次论坛。论坛由龙江环保集团赞助，冠名为"龙江环保杯"。论坛征集论文 56 篇，评选并奖励优秀论文 30 篇；同时，向 10 名博士颁发了"李圭白市政工程学科优秀博士学位论文奖"。2015 年 4 月，在上饶举办了第三届市政工程博导论坛，来自全国近 20 所高校市政工程学科的 50 余名博士研究生导师及相关人员参加了论坛。

（7）专业发展史记编写

为更好地记录给排水科学与工程专业的发展历史，2013 年指导委员会六届一次会议决定启动给排水科学与工程专业发展史记编写工作，并成立了编写组。编写组以哈尔滨工业大学等 20 世纪 50 年代开办给排水专业的 9 所学校的指导委员会委员为主，同时号召全国相关高校、教师积极支持、提供素材、参与编写工作。编写组已经于 2013 年 12 月、2015 年 1 月、2015 年 4 月、2015 年 6 月和 2015 年 8 月召开了 5 次编写工作会议。编写工作得到了给排水专业一批德高望重的老前辈的积极支持，得到了各相关学校的积极响应。

2.2　专业改革与规范化建设

2.2.1　专业改革与培养方案

在改革开放初期的 20 世纪 80 ～ 90 年代，教材紧缺是当时专业教育的急迫问题。教材建设也是早期指导委员会，尤其是第一届指导委员会的主要任务。教材的不断改进与提高也是指导委员会延续至今的一项长期任务。同时，在专业办学过程中，专业的办学思想需要适应时代的发展与行业技术进步的需求，这也要求对人才培养模式与培养方案不断做出改进。因此，在 1995 年举行的二届一次会议上，开始讨论专业教育改革问题，认为为了培养适应市场经济的专业人才的需求，进行专业改革是必要的，提出了扩大专业面、强化素质和能力培养等改革思路。开展了本科生和研究生培养方案的制定工作。在 1996 年二届二次会议上提出了专业培养方案框架，在 1996 年的二届三次会议上进行了较为深入的讨论。虽然此框架文件还受当时的局限、带有较浓厚的传统的土木色彩、特色尚不突出、基本上还是在原有培养模式内的一定改革，但是这为后续的大规模改革奠定了前期基础。

1996 年，由中国土木工程学会给水排水学会和全国给水排水工程学科专业指导委员会牵头，开始国家"九五"科技攻关计划"水工业学科设置研究"项目研究；1997 年 10 月，中国土木工程学会给水排水学会、全国高等学校给水排水工程学科专业指导委员会、国家城市给水排水工程技术研究中心在北京共同组织召开了"水工业及其学科体系研讨会"，编辑的会议论文集收录论文 40 余篇。1996 年的委员会会议上，还提出了专业名称和学科名称不适应实际情况的问题。上述工作为专业改革提供了很好的思考，为后续的大规模改革奠定了重要的思想基础。但是当时对如何改革、改革的方向、是大改还是小改等很多问题的思想认识尚不统一。

1997 年，教育部启动本科专业目录修订工作，专业体系准备从苏联和当时我国的"窄专业"体系，发展为欧美的"宽专业"体系，计划对专业数量大幅度压缩，一些不适应社会经济技术发展的偏窄、陈旧的专业面临被取消的风险。在调整期间，给水排水工程专业一度被列入了停办专业中，相关部门提出了取消给水排水工程专业（建筑给水排水部分合并到建筑设备专业，水质部分合并到环境工程专业）的方案。这给指导委员会带来极大的震动，所有人都意识到本专业到了生死存亡的关头，专业不进行大幅度有力度的改革就不能适应我国技术经济发展的需求，就没有出路。在专业改革的必要性、迫切性、改革的力度等方面取得了广泛共识。拓宽专业面、增强适应性，培养满足行业发展需要、适应科技发展形势的专门人才是专业改革与发展的核心方向。此后，在高等教育改革形势和水工业学科设置研究工作的推动下，大规模的专业改革工作顺利开展。

在 1998 年 10 月举行的三届一次（扩大）会议上，以给水排水工程专业的教改为主题进行了专题讨论，提出了一系列新的观点："以水的良性社会循环为主线"、"以水化学、水处理生物学、水力学等为学科基础"；"课程体系中，应将水与废水相统一，改变传统的按服务对象设置课程"；"给水排水工程专业的名称已不符合专业的情况，束缚了专业的发展，应在适当的时候予以更名"等。这些观点的提出，标志着专业改革的基本思想已经形成。会议在专业改革的必要性、迫切性、改革的力度等方面取得了共识，明确了改革的指导思想是：加强基础，拓宽专业，构筑专业平台，设置若干专业方向；各校可以有所侧重，办出自己的特点；提出了新的专业教学基本框架，作为下一阶段修改专业培养方案的基础。

1999 年 1 月，在北京召开了"九五"国家科技攻关子专题"水工业的学科体系建设研究"成果评审会，成果中正式提出了"水工业学科体系"的概念，明确水工业学科体系主要是以水的社会循环为研究对象，研究其水质和水量的运动和变化规律，以及为满足人类社会可持续发展所需水工业产业的有关科技问题。

1999 年 6 月举行的三届二次（扩大）会议，提出了专业人才培养方案（报批稿）。该培养方案脱离了传统的土木工程框架，确定了以水的良性社会循环为主线；以水化学、水处理生物学、水力学等为学科基础；课程体系中，将传统的按服务对象设置课程模式转为按工艺原理组织教学，将水与废水相统一，整合设置水质工程学等课程；按照专业的实际需求，减少了力学类课程内容，增加了相关的仪表与控制、设备基础、施工、管理、经济、法律法规等课程，调整与优化了专业知识结构。上述工作成果标志着专业改革的指导思想已经形成，明确了加强基础，拓宽专业，构筑专业平台，设置若干专业方向的改革路线；强调各校可以有所侧重，办出自己的特点。培养方案的出台是专业改革取得的重要成果。

此后，各学校以该培养方案为指导，普遍开展了教学计划修订工作。多数学校自 1999 级或 2000 级开始实行或部分实行新的培养方案。此后一段时间指导委员会的主要工作围绕新培养方案的实施配套而开展，组织编写了包括 10 门主干课程在内的 17 门课程的教学基本要求；陆续组织开展了一系列配套教材的编写工作；在 2001 年 7 月的三届五次会议上，通过了"关于实施新培养方案课程安排的建议"；2003 年，对培养方案的个别内容进行了修订，形成了包括 10 门主干课程在内的，由 23 门公共基础课、19 门技术基础课、17 门专业课以及实践环节等组成的课程结构。此后开展的系列课程研讨会解决了改革中遇到的很多实施中的难题，培训了一批适应改革需要的师资队伍，改革在实践中不断向前推进。

2000 年，启动了教育部 21 世纪初高等理工科教育教学改革项目"给水排水专业工程设计类课程改革的实践"，该项目在全国给水排水工程专业指导委员会的总体协调下，由李圭白院士为负责人，由哈尔滨工业大学、清华大学、同济大学、重庆大学等 24 所高等学校，共同进行研究与实践。2003 年 9 月，该项目通过教育部结题验收。2005 年 9 月，以该项目成果为主要依托，以李圭白、崔福义、蒋展鹏、范瑾初、龙腾锐为主要完成人的教改成果"给水排水专业课程体系改革、建设的研究与实践"获得国家级教学成果二等奖。这一研究工作及成果,既是对改革成果的系统总结,也是下一步对改革工作的有力推动,此后专业改革工作不断向纵深发展。

2.2.2 专业名称

1952～2012 年期间,本专业在我国主要称为"给水排水工程"(其间也有个别学校短时间用"给水与排水"、"给水及下水工程"、"上下水道"等名称),与美日等国家对应的专业名称包括"卫生工程"(欧美术语,Sanitary Engineering)和"上下水道工程"(日本术语)等。

多年来,业内广泛认为"给水排水工程"专业名称不能很好反映专业内涵,专业名称更新一直为各有关学校普遍关注。1996 年的指导委员会会议上,提出了专业名称和学科名称不适应实际情况的问题;1998 年指导委员会提出要更新专业名称。此后开展了多年的专业名称讨论。

第三届指导委员会经过多次讨论,达成如下意见和共识:

(1)给水排水工程专业经过几十年的发展、特别是经过近年的改革,内涵已经发生了深刻的变化,为国家培养了大批专门人才,是国家经济建设不可缺少的重要专业之一。但是由于专业名称已不能充分反映专业的内涵、缺乏时代感,在一定程度上制约了专业的进一步发展,更新专业名称是很有必要的。

(2)专业名称的改变是一项严肃的工作,涉及学科内涵的准确表达,同时要考虑到有利于招生和毕业生就业等实际问题。因此,既要积极,也要十分慎重。新专业名称应该对专业的建设与发展起到积极的作用。

(3)近几年在指导委员会的会议上及其他各种场合,对专业更名问题已经进行了广泛的讨论,提出了多个建议名称,如:水科学与工程、水质科学与工程、城市水工程、水质科学与水工程、水工艺与工程等,但是还没有一个名称得到各界的普遍赞成。同时,还存在与注册师制度衔接、教育主管部门审批等一系列问题。

(4)第三届指导委员会经过慎重研究,决定向国家有关部门提交"关于高等学校本科教育《给水排水工程》专业的专业名称调整为《给排水科学与工程》的建议"。

(5)建议各有关学校重在加强本专业的内涵建设,在沿用目前专业名称的情况下,采取必要的措施应对招生方面的困难,如按院(系)招生、通过网络和电视等新闻媒体加强专业宣传、加强新生入学教育等;应使社会各界、特别是考生与家长了解给水排水工程专业在解决水资源紧缺问题、保障工农业生产和人民生活需求的水质与水量方面的重要作用。指导委员会主任委员李圭白院士亲自撰写了《院士谈给水排水工程专业》一书，于 2005 年 10 月由中国建筑工业出版社出版发行。

经过与教育部有关部门沟通，2005 年 8 月指导委员会发布"关于专业名称调整办法的通知"，正式确定专业名称更改为"给排水科学与工程"，并明确了在国家专业目录正式变更前的过渡办法，明确"在教育部的专业目录正式修订前，专业名称'给水排水工程'和'给排水科学与工程'将暂时并存，这两个名称为完全同一专业的不同表述"。到 2007 年，有 7 所学校将给水排水工程专业更名为给排水科学与工程专业。

2011 年，根据教育部、住房城乡建设部关于认真组织开展《普通高等学校本科专业介绍》研究制定工作的通知，指导委员会在全国相关高校范围内广泛征求了给水排水工程专业名称调整的意见，进一步推进了专业名称调整的工作。指导委员会代表参加了教育部高教司在北京召开的理工类专业介绍研究制定工作交流会，指导委员会根据会议精神在广泛征求意见的基础上提交了给排水科学与工程专业介绍讨论稿。

2012 年 9 月 14 日，教育部"关于印发《普通高等学校本科专业目录（2012 年）》《普通高等学校本科专业设置管理规定》等文件的通知"（教高〔2012〕9 号）发布，沿用了多年的给水排水工程专业名称正式调整为给排水科学与工程专业。

"给排水科学与工程"专业名称回答了办什么专业的问题，更好地反映了为实现水的良性社会循环服务的专业核心内涵，充分体现了学科专业的发展，即：给水与排水的统一，科学与工程的融合，继承与发展的表述，专业口径与服务领域的拓宽，培养目标与课程体系的更新。

2.2.3　专业发展战略与专业规范

指导委员会在改革实践中逐步认识到，虽然人才培养方案解决了当前人才培养的急需，但是专业建设与改革是永恒的主题，要对专业发展有相对长远的规划，才能推动专业不断前进，使人才培养不断适应行业发展的需要。2004 年 9 月 20 日，在北京召开高等学校给水排水工程专业指导委员会工作会议，启动专业发展战略研究工作，成立了发展战略报告起草小组；2005 年 11 月，给水排水工程专业发展战略研究（第一稿）完成。

此后，2007 年的四届三次会议决定根据教育部和建设部的有关要求，着手《专业规范》编制的前期准备工作。开展规范编制的基本背景是：给水排水工程专业面临办学学校快速增加的情况，面对行业内涵与服务需求的变化，亟须规范办学标准、保证办学质量，同时突出各校办学特色、培养适应社会需求的各具特色的专门人才。十几年来的专业改革成果为完成上述任务奠定了良好的基础；国家对编制专业规范的要求，有力推动了此项工作的开展。2009年，指导委员会组织哈尔滨工业大学等16所高校共同承担了住房城乡建设部教学改革项目"给水排水工程专业发展战略与专业规范研究"。由此，发展战略研究工作与《专业规范》研制工作合二为一，加速开展。

2009年2月，在北京召开了项目启动会议，确定了《专业规范》（含专业发展战略，后同）编制工作分工及进度。指导委员会分别与各项目承担学校签订协议书，确定了各项目承担单位相应的研究内容及责任，同时提供了一定的研究经费。2009年8月，在长沙召开了项目组工作会议，会上各承担单位汇报了专业规范研制进展情况，认真讨论了专业规范研制工作中存在的问题及下一步的工作计划。2010年3月29日，在广州举行工作会议。规范编制过程中还通过给水排水工程专业评估委员会征求了工程界专家的意见。2010年8月初，项目组在上海召开了第四次工作会议，会后形成了《专业规范》（送审稿）。2011年4月，通过土建学科教指委专家组验收，形成了《专业规范》（报批稿）。其后，为了与国家专业目录修订工作协调，"给排水科学与工程专业规范"及"给排水科学与工程专业发展战略研究报告"延后至2012年12月由住房城乡建设部批准颁布。

"给排水科学与工程专业发展战略研究报告"总结回顾了专业60年的办学历程，明确了专业的发展方向与发展战略。报告对专业的60年发展历史进行了阶段划分：第一阶段（1952年之前），依附于土木工程、尚未独立设置专业阶段；第二阶段（1952～1965年），独立设置专业、探索与成长阶段；第三阶段（1966～1976年），"文革"期间、专业发展停滞阶段；第四阶段（1977～1995年），改革开放、专业建设恢复与发展阶段；第五阶段（1996～2012年），专业教育改革深化、专业建设全面发展阶段。发展战略报告分析了给排水科学与工程专业的社会需求与发展态势、给水排水行业的人才需求和给排水科学与工程专业的发展特征，提出了给排水科学与工程专业教育进一步发展的思路。战略报告明确了专业发展的方向，对专业发展是一个有重要意义的指导性文件。

《专业规范》是推动教学内容和课程体系改革的切入点，是国家教学质量标准的一种表现形式，是国家对本科教学质量的最低要求。《专业规范》引导不同层次的学校办出特色。

《专业规范》的核心内涵继承了1999年制定的专业培养方案的主导思想，是专业人才培养方案的深化与发展，是人才培养方案的进一步规范化。

《专业规范》编制的基本原则是：①多样化与规范性相统一的原则，没有规范不利于高等教育整体质量的提高，统得过死又不利于各校办出特色和多样化人才培养，因此《专业规范》要一方面坚持基本的专业标准，提出本科办学和教学质量的基本要求，另一方面又留有空间，鼓励各校突出特色，实施多样化人才培养；②拓宽专业口径的原则，要先研究专业调整，扩大适应性，再研制《专业规范》，《专业规范》中主要体现在宽口径的教学要求上；③规范内容最小化的原则，《专业规范》要控制核心知识和实验技能所占总学时和学分的比例，给学生自主学习和为不同学校制定特色培养方案留出空间；④核心内容基本标准的原则，标准过低不利于提高高等学校的教学水平，标准过高，统得过死，不利于分类指导。《专业规范》针对全国多数学校的实际情况，提出专业办学的基本要求，不同学校可在基本要求的基础上增加本校的特色内容，制定本校的专业培养方案和教学质量标准，构建各高校给排水科学与工程专业的课程体系。

《专业规范》内容包括给排水科学与工程专业的专业领域、培养目标、培养规格、专业知识体系、专业教学内容、专业的基本教学条件等方面，针对科学技术和社会发展对本专业人才的需要，在素质、能力、知识三方面提出了要求。在知识体系中又包括人文社科、自然科学和专业知识。对专业知识体系确定了给排水科学与工程专业的 6 个核心知识领域，含 116 个知识单元，485 个知识点，429 个核心学时，16门推荐课程，作为给排水科学与工程专业的必备知识。

《专业规范》的主要特色在于：

（1）《专业规范》是一个纲领性文件，《专业规范》对怎么办专业、培养什么人进行了明确的规定，使专业建设与发展有了依据，对于专业人才培养会起到重要的质量保证和促进作用。在此基础上，各校结合自身特点会制定更加合理的专业人才培养方案。

（2）《专业规范》体现了核心内容基本标准的原则，体现了规范化与特色化的合理统一。《专业规范》规定的内容是开办给排水科学与工程专业的统一知识内容要求、是对学生培养的基本要求。首先，规范规定的内容是所有学校给排水科学与工程专业都要执行的，只有这样培养出的学生才是符合要求的给排水科学与工程专业的毕业生。其次，基本标准不是充分的标准，绝不能理解为只传授给学生规定的 485 个知识点就可以毕业了。这些知识点只是基本部分，还要有自选的扩充部分，各校一定要在此基础上增加特色内容。不希望各校办成千篇一律。还有，这个基本标准给各个学校特色化办学留出充足的空间，各校应该利用这个空间根据自身的情况和特点办出特色，培养特色化专业人才，有特色才有生命力。例如，某所学校的给排水科学与工程专业主要面向建筑给水排水的需要培养人才，就可以较多地增加与建筑给水排水相关的课程及实践内容；某所学校的给排水科学与工程专业主要面向地方或部门需要培养人才，就应该了解地方或部门对该专业人才的主要需求并在培养方案上相应倾斜。

（3）《专业规范》对给排水科学与工程专业的培养目标、专业知识体系等做了清晰的界定，专业的科学基础是生物学、化学和水力学，它有别于同一专业类别内其他本科专业的学科基础，因而本专业的人才培养任务有自身的特点和独立性，不能简单地按照专业类别进行大类培养。大类培养、基础课通识教育是国家在积极推进的人才培养模式，这对于多数专业类别是适用的，因为他们是按照科学基础相同或相近的原则组织成专业类的。但是土木类专业是按照服务对象相近原则组织成一类的，土木类各专业的科学基础各不相同，差异较大，统一实行大类培养难以满足各专业的需求。给排水科学与工程专业也应该加强通识教育、积极拓宽专业口径，主要途径就是按照《专业规范》的精神，加强以"水"为核心的科学、技术、工程的教育，加强相关的人文社科教育，加强相关的管理、法律、经济等知识的传授。

（4）《专业规范》重视强化实践能力培养和创新人才培养。为提高学生的实践能力，给排水科学与工程专业应强化实践性环节的教学。本规范对实验、实习和设计等提出要求，通过实践教育，培养学生具有实验技能、工程设计、施工和运营管理的能力及科学研究的初步能力，并提倡和鼓励学生参加创新活动。同样，本实践体系是对给排水科学与工程专业实践教学质量的基本要求，主要规定本科学生应该学习和掌握的基本实践知识和基本技能。不同层次、不同类型的学校可在这个基本要求基础上增加内容，制定本校的实践教学的要求，以求在满足本要求的基础上，体现各高校自己的办学定位和办学特色。本专业的评估标准和"卓越计划"人才培养标准在实践教育方面比《专业规范》有更高的要求，正是体现了这种差异化的人才培养思想。

（5）《专业规范》是在总结近年来专业改革成果和许多学校办学经验的基础上编制的，是建立在给排水科学与工程专业发展战略研究成果基础上的。因此许多学校事实上已经达到了规范的要求，但是也有一些学校面临按照规范要求进行相应调整的问题。各校应站在人才是行业发展的第一要素的战略高度来理解并积极推进《专业规范》的实施。

为了推进《专业规范》的实施，指导委员会做了大量的工作，在 2012 年 8 月举行的五届三次会议就对规范宣贯工作进行了部署。为了使相关高校更好地了解《高等学校给排水科学与工程专业本科指导性专业规范》的内容，2012 年 12 月初在厦门华侨大学召开全国范围的首次《专业规范》实施研讨会，有来自全国 81 所高校的 170 余名代表参加。此后，又分地区陆续召开了 10 次规范宣贯会，有近百所高校的近千名教师参加。

除了会议宣贯，指导委员会还通过专业杂志对给排水科学与工程专业规范和专业发展战略进行了宣传。在我国给水排水行业主流刊物分别发表了"给排水科学与工程（给水排水工程）专业的建设与发展"（《给水排水》，2013 年 4 期）和"我国给排水科学与工程专业进入规范化办学新阶段"（《中国给水排水》，2014 年 12 期）等 2 篇相关文章。

此外，连年举办的"《中国给水排水》杯"优秀教改论文评选等各项评优活动，引导学校和师生注重实践能力、创新能力培养，关心专业改革等，这些活动都从不同侧面推进了规范的实施。通过这些措施，达到了广泛宣传规范、推进规范化办学的目的。

2.2.4 专业标准制定

研究制定教学质量国家标准是一项关系高等教育长远发展、关系高等教育改革全局的基础性工作。2014 年 4 月，教育部召开"教育部本科专业类教学质量国家标准研制工作会议"，随后高等学校土建学科教学指导委员会发布"关于做好土建类专业教学质量国家标准编制工作有关问题的说明"，明确给排水科学与工程专业按专业编制标准，并对编制进度做出规定。按照教育部的要求，原则上是按照专业大类编制专业类标准，这对于绝大多数按基础相近原则组成的专业类是合理的。但是考虑到土木类的 4 个专业是按照服务对象相近的原则组成的，专业之间的技术基础相差甚远，教育部和住房城乡建设部同意土木类各专业编制专业标准。这一做法不仅明确了给排水科学与工程专业标准的编制原则，也给许多学校的专业教学组织提供了重要的依据，避免了盲目按照专业类进行大类培养。

给排水科学与工程学科专业指导委员会迅即启动专业标准的编写工作。2014 年 8 月，在贵阳召开的指导委员会六届二次会议上，讨论明确了标准编制的一些基本原则，认为标准与规范侧重不同，二者互为补充，共同构成了专业办学的规范化文件，因此编制标准要注意与《专业规范》的统一协调。会议对专业标准初稿进行了认真讨论，形成了征求意见稿并送全国相关高校和部分业内专家征求意见。经进一步修改后，按要求在2014年10月中旬将报批稿上报住房城乡建设部。随后在2014年11月，根据教育部大学物理课程和大学计算机课程2个教学指导委员会的修改建议，对标准进一步修改，经住房城乡建设部报教育部审批。此后，按照教育部专家意见进一步修改，于2015年6月报教育部待批。

专业标准包括了概述、适用专业范围、培养目标、培养规格、师资队伍、教学条件、质量保障体系和附录等部分，其中涉及一些量化的办学指标，适用于新开办专业和既有专业的办学保障。

2.2.5 本科招生学校

我国自1952年首次开办给水排水工程本科专业以来，开办该专业的高等学校陆续增加，至2014年全国已有158个专业办学点。

2.2.6 毕业生就业形势

专业发展战略报告对给水排水行业的人才需求进行了分析，认为：随着国家经济与城镇建设的发展、科学技术的进步，给水排水行业的技术在高速发展、规模在快速增加，对给排水科学与工程专业的人才在数量上与质量上都提出新的要求。给排水科学与工程专业毕业生的就业面较为广泛，毕业生可能从事的工作领域包括与用水和废水相关的城市建设、工矿企业的工程规划、设计、施工、运营、管理、教学和科学研究等，人才需求旺盛。

根据历年《中国大学生就业报告》（作者：麦可思中国大学生就业研究项目组，社会科学文献出版社）的统计，在全国500多个本科专业中，给水排水工程（给排水科学与工程）专业毕业生的毕业半年后就业率高居前列，属于就业率最高的前10%专业，见表2.2-1。

给水排水工程（给排水科学与工程）专业毕业生就业率   表2.2-1

届别	就业率（%）	就业率排名
2008	95	6
2010	96.1	4
2011	94.6	29
2012	97.5	1

续表

届别	就业率（％）	就业率排名
2013	95.9	6
2014	94.1	18（并列）

2.3 课程建设

2.3.1 培养方案及专业规范中的课程设置

1999 年编制（2003 年修订）的给水排水工程专业人才培养方案确立了 10 门课为本专业的主干课程，确定了 23 门公共基础课、19 门技术基础课、17 门专业课以及实践环节等。该课程体系脱离了传统的土木工程框架，以水的良性社会循环为主线，以水化学、水处理生物学、水力学等为学科基础设置课程；课程体系中，将按服务对象设置专业课程的传统模式转为按工艺原理组织教学，将水与废水相统一，整合设置了"水质工程学"等课程；按照专业发展的实际需求，减少了力学类课程内容；将原有课程体系中的建筑概论、建筑材料、工程结构、土力学与地基基础等课程或教学内容整合成为"土建工程基础"课程；增加了相关的仪表与控制、设备基础、施工、管理、经济、法律法规等课程，调整优化了专业知识结构。

该培养方案的 10 门主干课是：工程力学、水分析化学、水力学、水处理生物学、水工艺设备基础、城市水工程仪表与控制、水资源利用与保护、水质工程学、给水排水管道系统、建筑给水排水工程；19 门专业基础课是：工程数学（线性代数、概率论与数理统计）、画法几何与工程制图 *、工程力学 *、测量学 *、水分析化学 *、水力学（或流体力学）*、水处理生物学 *、电工电子学基础 *、水文学与水文地质学 *、泵与泵站 *、水工艺设备基础 *、城市水工程仪表与控制 *、土建工程基础 *、水工程经济 *、城市水工程计算机应用、CAD 基础、专业外语 *、建设项目管理、河流动力学；17 门专业课是：城市水工程概论 *、水资源利用与保护 *、水质工程学 *、给水排水管道系统 *、建筑给水排水工程 *、水工程施工 *、水工艺与工程新技术、城市水系统运营管理与维护、环境保护与可持续发展、农业用水工程、消防工程、环境监测与评价、水质模型、城市垃圾处理与处置、建筑电气、建筑暖通空调、城市规划原理（以上课程中加 * 标注者为必修课）。

在 2012 年颁布的《专业规范》中，按照教育部的要求，采用了强调知识点、淡化课程的模式，建立了包括人文社科、自然科学和专业知识的知识体系（表 2.3-1）；

在专业知识体系中确定了 6 个核心知识领域，包含 116 个知识单元、485 个知识点、429 个核心学时，以及 16 门推荐课程，作为给排水科学与工程专业的必备知识（表 2.3-2）。在此基础上，各学校应选择一些反映学科前沿及学校特色的系列课程，构建各高校给排水科学与工程专业的课程体系。从以上内容可以看出，该专业规范是在主体上对前述培养方案的继承、深化与发展。

给排水科学与工程专业知识体系和核心知识领域 表 2.3-1

序号	知识体系	核心知识领域
1	人文社会科学知识	外国语、哲学、政治、经济、历史、法律、心理学、社会学、体育、军事
2	自然科学知识	工程数学、普通物理学、普通化学、计算机技术与应用
3	专业知识	专业理论基础、专业技术基础、水质控制、水的采集和输送、水系统设备仪表与控制、水工程建设与运营

专业知识体系中的核心知识领域 表 2.3-2

序号	核心知识领域	知识单元	知识点	推荐课程	核心学时
1	专业理论基础	30	127	水分析化学、水处理生物学、工程力学、水力学	133
2	专业技术基础	20	73	水文学与水文地质学、土建工程基础、给排水科学与工程概论	56
3	水质控制	17	85	水质工程学	64
4	水的采集和输送	22	103	泵与泵站、水资源利用与保护、给水排水管网系统、建筑给水排水工程	108
5	水系统设备仪表与控制	9	40	水工艺设备基础、给排水工程仪表与控制	36
6	水工程建设与运营	18	57	水工程施工、水工程经济	32
	总计	116	485	16 门	429

2.3.2 课程建设研讨会

2005 年在南京举行的高等学校给水排水工程专业指导委员会四届一次会议提出：随着教改的深化、新的培养方案和课程体系的形成、新教材的编写和使用，为进一步提高教学质量，需要加强教学方法的研究。为此，开始了以课程研讨会形式的教学研讨活动。2006 年 7 月，在太原召开了首次"建筑给水排水工程"课程研讨会。此后，至 2015 年年底陆续召开了 18 次研讨会，包括：课程研讨会 14 次、实践环节教学研讨会 3 次和教学管理研讨会 1 次。来自全国上百所高校的近 1200 名教师分别参加了相关的教学研讨。研讨会共收到了教学改革论文近 200 篇，其中有近 30 篇此后在正式期刊上陆续发表。指导委员会在 2007～2015 年五次扩大会议上对其中 50 篇优秀的教改论文进行了表彰。课程教学研讨会为各校教师搭建了一个学习新课程、研讨新教法、探讨新问题的平台。具体会议信息见表 2.3-3。

研讨会情况 表 2.3-3

年份	课程名称	承办单位	举办地	参加学校数	参加人数
2006	建筑给水排水工程	太原理工大学	太原	45	60
2007	水工程经济	重庆大学	重庆	21	32
2007	水质工程学	哈尔滨工业大学	哈尔滨	30	76
2007	给水排水管网系统	同济大学	上海	35	58
2007	水工艺设备基础	西安建筑科技大学	西安	23	38
2008	水工程施工	北京建筑工程学院 重庆大学	北京	24	42
2009	水处理生物学	清华大学	北京	28	30
2009	水处理实验技术	重庆大学 北京建筑工程学院	重庆	32	47
2009	泵与泵站	湖南大学 广州大学	长沙	28	44
2010	给水排水管网系统	同济大学	上海	30	50
2011	给排水工程仪表与控制	哈尔滨工业大学	哈尔滨	20	48
2012	给水排水工程专业教学管理	苏州科技学院	苏州	38	56
2012	给水排水工程专业毕业设计 教学与改革研讨会	昆明理工大学	昆明	56	120
2013	实习教学研讨会	太原理工大学	太原	51	106
2014	建筑给水排水工程	山东建筑大学	济南	45	78
2014	水质工程学	哈尔滨工业大学	哈尔滨	70	140
2015	城市垃圾处理	同济大学	上海	35	60
2015	学生企业实习导则	桂林理工大学	桂林	40	96

2.3.3 精品课程

精品课程建设是教育部和财政部"高等学校本科教学质量与教学改革工程"的重要内容。至 2015 年年底，全国给排水科学与工程专业共获准国家级精品课程 7 门（次）、省级优秀课程、重点建设课程和精品课程共 35 门（次），具体情况见表 2.3-4 和表 2.3-5。

给排水科学与工程专业的国家级精品课程   表 2.3-4

序号	精品课程名称	学校名称	负责人	批准单位	批准时间
1	水力学	四川大学	李克锋	教育部	2004
2	水质工程学	哈尔滨工业大学	韩洪军	教育部	2006
3	水力学	济南大学	于衍真	教育部	2007
4	水文学	西安建筑科技大学	黄廷林	教育部	2008
5	水质工程学	广州大学	张朝升	教育部	2009
6	水处理工程	清华大学	黄霞	教育部	2010
7	水质工程学	济南大学	邱立平	教育部	2010

给排水科学与工程专业的省部级优秀课程、重点建设课程和精品课程   表 2.3-5

序号	课程名称	学校名称	负责人	批准单位/课程类型	批准时间
1	排水工程	重庆建筑大学	孙慧修	建设部/一类优秀课程	1994
2	给水工程	哈尔滨建筑大学		建设部/一类优秀课程	1994
3	有机化学	重庆建筑大学	蔡素德	建设部/二类优秀课程	1994
4	排水工程	武汉城建学院	金儒霖	建设部/二类优秀课程	1994
5	流体力学	重庆建筑大学	蔡增基	建设部/二类优秀课程	1996
6	给水工程	重庆建筑大学	刘荣光	四川省教育厅/优秀课程	1997
7	排水工程	重庆建筑大学	郝以琼	四川省教育厅/优秀课程	1997
8	给水工程系列课程	重庆建筑大学	刘荣光	建设部/一类优秀课程	1998
9	给水工程	重庆大学	刘荣光	重庆市教育委员会/重点建设课程	2001
10	工程流体力学（水力学）	东南大学	高海鹰	江苏省教育厅/一类优秀课程	1998
11	水力学	河北工程大学	许吉现	河北省教育厅/省级优秀课程	2002

续表

序号	课程名称	学校名称	负责人	批准单位 / 课程类型	批准时间
12	流体力学	兰州交通大学	高孟理	甘肃省教育厅 / 省级精品课程	2003
13	给水工程	同济大学	张玉先	上海市教育委员会 / 上海市精品课程	2005
14	水分析化学	哈尔滨工业大学	崔崇威	黑龙江省教育厅 / 省精品课程	2006
15	水力学	济南大学	于衍真	山东省教育厅 / 省级精品课程	2006
16	建筑给水排水工程	同济大学	高乃云	上海市教育委员会 / 上海市精品课程	2007
17	水质工程学	安徽建筑大学	刘绍根	安徽省教育厅 / 省级精品课程	2007
18	建筑给水排水工程	哈尔滨工业大学	李玉华	黑龙江省教育厅 / 省精品课程	2008
19	建筑给水排水工程	沈阳建筑大学	李亚峰	辽宁省教育厅 / 省级精品课程	2008
20	水质工程学	广州大学	张朝升	广东省教育厅 / 省级精品课程	2008
21	建筑给水排水工程	北京建筑工程学院	吴俊奇	北京市教育委员会 / 北京市精品课程	2008
22	水资源利用与保护	西安建筑科技大学	王晓昌	陕西省教育厅 / 省级精品课程	2009
23	水质工程学	兰州交通大学	王三反	甘肃省教育厅 / 省级精品课程	2009
24	建筑给水排水工程	桂林理工大学	曾鸿鹄	广西壮族自治区教育厅 / 省级精品课程	2009
25	给水排水管道系统	广州大学	方茜	广东省教育厅 / 省级精品课程	2009
26	流体力学	重庆大学	龙天渝	重庆市教育委员会 / 重庆市精品课程	2009
27	水处理工程	华东交通大学	胡锋平	江西省教育厅 / 省级精品课程	2009
28	给水排水管道系统	哈尔滨工业大学	袁一星	黑龙江省教育厅 / 省精品课程	2009
29	流体力学	安徽建筑大学	张红亚	安徽省教育厅 / 省级精品课程	2009
30	水工艺设备基础	西安建筑科技大学	黄廷林	陕西省教育厅 / 省级精品课程	2010
31	给水排水管网系统	内蒙古科技大学	肖作义	内蒙古自治区教育厅 / 省级精品课程	2012
32	给水处理原理	武汉理工大学	李孟	湖北省教育厅 / 来华留学精品课程	2013
33	水文学与水文地质	同济大学	陶涛	上海市教育委员会 / 精品课程	2014
34	水资源利用与保护	安徽建筑大学	黄健	安徽省教育厅 / 省级精品课程	2014
35	给水工程原理与技术	同济大学	唐玉霖	上海市教育委员会 / 上海高校外国留学生英语授课示范性课程	2015

2.3.4   精品资源共享课

2011 年 10 月，教育部发布了《教育部关于国家精品开放课程建设的实施意见》，明确在"十二五"期间，通过对原国家精品课程的转型升级和补充，建设 5000 门国家级精品资源共享课，实现由服务教师向服务师生和社会学习者的转变，由网络有限开放到充分开放的转变，旨在通过精品资源共享课建设，引领教学内容和教学方法改革，推动高等学校优质课程教学资源通过现代信息技术手段共建共享，提高人才培养质量，服务学习型社会建设。至 2015 年年底，全国给排水科学与工程专业共获准国家级精品资源共享课 3 门（次）、省级精品资源共享课 6 门（次），具体情况见表 2.3-6。

国家级和省级精品资源共享课程   表 2.3-6

序号	共享课程名称	学校名称	负责人	批准单位	批准时间
国家级					
1	水质工程学	哈尔滨工业大学	韩洪军	教育部	2013
2	水质工程学	广州大学	张朝升	教育部	2013
3	水力学	济南大学	于衍真	教育部	2013
省级精品资源共享课程					
1	水质工程学	广州大学	张朝升	广东省教育厅	2012
2	水处理工程	华东交通大学	胡锋平	江西省教育厅	2012
3	给水排水管道系统	广州大学	方茜	广东省教育厅	2013
4	建筑给水排水工程	广州大学	周鸿	广东省教育厅	2013
5	流体力学	华东交通大学	唐朝春	江西省教育厅	2013
6	水工艺设备基础	西安建筑科技大学	卢金锁	陕西省教育厅	2014

2.4   教材建设

2.4.1   给水排水工程专业早期教材建设

新中国成立前出版了少量的卫生工程学科的专业教材，见表 2.4-1。在 1952 年专业建立之前及专业创办初期，在编著给水排水工程的专业教材之前，还有一些相关专业或从苏联教材翻译的其他专业教材，见表 2.4-2。

新中国成立前出版的专业教材　　　　　　　　　　　　表 2.4-1

序号	教材名称	主编	出版时间	出版社
1	给水工程学	陶葆楷	1937	商务印书馆
2	净水工程学	顾康乐	1937	商务印书馆
3	军事卫生工程	陶葆楷	1941	商务印书馆

新中国成立初期出版的相关专业教材　　　　　　　　表 2.4-2

序号	教材名称	主编	出版时间	出版社	备注
1	农田排水工程	张书农	1951	龙门联合书局	土木水利系和农工系教学用书
2	给水卫生学	（苏）热包丁斯基（В.М.Жаботинский）著；胡振东，三禾译	1952	东北医学图书出版社	医科大学教科书
3	给水及下水工程	（苏）巴甫洛夫（В.И.Павлов），（苏）林斯基（В.А.Ленский）著；于泮池等译	1954	高等教育出版社	工业和民用建筑专业用书
4	土壤改良与农业给水	（苏）契尔卡索夫（А.А.Черкасов）著；水利部灌溉总局编译组译	1954	高等教育出版社	农学院系教学参考书

　　1952 年后，为了解决给水排水工程专业教材的急需，一些高校和政府主管部门组织翻译出版了一批苏联教材，同时也编著了一批教材，为给水排水工程的专业教学提供了基础。1952 ~ 1963 年给水排水工程专业教材编审委员会成立之前出版的教材见表 2.4-3。

1952 ~ 1963 年出版的教材（含部分非正式出版教材）　　　　表 2.4-3

序号	教材名称	主编（编、著）	出版时间	出版社
1	给水工程—上册	陶葆楷、李颂琛、朱庆爽	1954	商务印书馆
2	下水工程—上册	陶葆楷、李颂琛、朱中孚、顾夏声	1954	商务印书馆
3	水分析化学及微生物学	顾夏声	1954	商务印书馆
4	水力学泵及鼓风机	张有衡	1954	商务印书馆
5	铁路运输给水 上册	（苏）C.X. 阿则列耶尔著；唐山铁道学院给水及排水教研组译	1955	人民铁道出版社

续表

序号	教材名称	主编（编、著）	出版时间	出版社
6	给水工程—下册	清华大学给水工程教研组	1955	商务印书馆
7	城市给水管网计算	（苏）纳.纳.阿勃拉莫夫著；屠人俊译	1955	建筑工程出版社
8	下水工程—下册	（苏）施果林，杰米多夫著；北京市人民政府卫生工程局译	1956	高等教育出版社
9	给水处理（给水工程第三分册）	哈尔滨工业大学给水排水教研室樊冠球	1956	哈尔滨工业大学
10	工业给水（给水工程第四分册）	李圭白	1956	哈尔滨工业大学
11	建筑场地给水	顾培恂	1956	非正式出版物
12	给水管网（给水工程第一分册）	哈尔滨工业大学给水排水教研室颜虎	1957	哈尔滨工业大学
13	排水管网（排水工程第一分册）	哈尔滨工业大学给水排水教研室邵元中	1957	哈尔滨工业大学
14	排水工程—下册—工业排水	哈尔滨工业大学给水排水教研室	1957	建筑工程出版社
15	给水外管网的设计与计算	杨钦	1957	建筑工程出版社
16	铁路运输给水 下册	（苏）C.X. 阿则列耶尔著；同济大学铁道系译	1957	人民铁道出版社
17	排水工程（上册）	（苏）西什金（З.Н.Шишикин）等著；同济大学城市建设系给水排水教研组译	1957	高等教育出版社
18	房屋卫生技术设备	哈尔滨工业大学给水排水教研室	1958	建筑工程出版社
19	排水工程（下册）	（苏）西什金（З.Н.Шишикин）等著；同济大学城市建设系给水排水教研组译	1959	高等教育出版社
20	给水排水工程施工	清华大学土木系给水排水工程专业师生	1959	高等教育出版社
21	排水工程—上册—排水管网	哈尔滨工业大学给水排水教研室	1959	建筑工程出版社
22	排水工程—中册—污水处理	哈尔滨工业大学给水排水教研室	1959	建筑工程出版社
23	给水工程（上册）	哈尔滨工业大学给水排水教研室	1959	建筑工程出版社
24	给水工程（下册）	哈尔滨工业大学给水排水教研室	1959	建筑工程出版社

序号	教材名称	主编（编、著）	出版时间	出版社
25	给水处理设备	严煦世	1959	上海科学技术出版社
26	给水排水自动技术	哈尔滨建筑工程学院给水排水教研室	1961	中国工业出版社

2.4.2 教材编审委员会的教材建设工作

1963 年，建筑工程部教育司设立了给水排水专业教材编审委员会，负责组织全国给水排水专业教材选题、编写和审查，在"文革"期间停止了活动。1978 年，教材编写工作恢复。1981 年，设立城乡建设环境保护部"高等工业学校给水排水及环境工程类"专业教材编审委员会。教材编审委员会组织编写了《给水工程（上、下册）》、《排水工程（上、下册）》、《建筑给水排水》、《水泵与水泵站》、《给水排水工程施工》、《水处理微生物学》、《给水排水有机化学》、《物理化学》、《水分析化学》等一系列专业课和专业基础课的统编教材。1963 ~ 1989 年间出版的教材见表 2.4-4。

1963 ~ 1989 年出版的教材   表 2.4-4

序号	教材名称	主编（编、著）	出版时间	出版社
1	给水排水化学	给水排水化学编写组	1979	中国建筑工业出版社
2	供水水文地质	刘兆昌、朱琨	1979	中国建筑工业出版社
3	水文学	西安冶金建筑学院 湖南大学	1979	中国建筑工业出版社
4	给水工程（第一版）	同济大学	1980	中国建筑工业出版社
5	水泵及水泵站（第二版）	姜乃昌、陈锦章	1980	中国建筑工业出版社
6	水处理微生物学基础	顾夏声、李献文	1980	中国建筑工业出版社
7	排水工程（上册）	重庆建筑工程学院	1981	中国建筑工业出版社
8	排水工程（下册）	哈尔滨建筑工程学院	1981	中国建筑工业出版社
9	室内给水排水工程	太原工学院、哈尔滨建筑工程学院、湖南大学	1981	中国建筑工业出版社
10	给水排水工程结构	重庆建筑工程学院、太原工学院、湖南大学	1981	中国建筑工业出版社
11	建筑概论	天津大学	1981	中国建筑工业出版社

序号	教材名称	主编（编、著）	出版时间	出版社
12	给水排水工程施工	徐鼎文、常志续、王佐安	1983	中国建筑工业出版社
13	给水工程（上、下册）（第二版）	杨钦、严煦世	1987	中国建筑工业出版社
14	水处理微生物学基础（第二版）	顾夏声、李献文、俞毓馨	1988	中国建筑工业出版社
15	水分析化学	张世贤、王兆英	1988	中国建筑工业出版社
16	供水水文地质（第二版）	刘兆昌、朱琨	1988	中国建筑工业出版社
17	有机化学	蔡素德	1989	中国建筑工业出版社
18	给水排水物理化学	石国乐、张凤英	1989	中国建筑工业出版社
19	水处理实验技术	李燕城	1989	中国建筑工业出版社
20	水文学（第二版）	马学尼、叶镇国	1989	中国建筑工业出版社

2.4.3 第一届指导委员会教材建设

1989 年，给水排水工程专业教材编审委员会更名为"全国高等学校给水排水工程学科专业指导委员会"。本届指导委员会开展了《给水工程》（上、下册)、《排水工程》等教材建设。在本届指导委员会工作期间，组织出版的教材见表 2.4-5。

第一届指导委员会期间出版的教材   表 2.4-5

序号	教材名称	主编（编、著）	出版时间	出版社
1	建筑概论（第二版）	杨永祥、赵素芳	1990	中国建筑工业出版社
2	建筑给水排水工程（新一版）	太原工业大学、哈尔滨建筑工程学院、湖南大学	1993	中国建筑工业出版社
3	水泵及水泵站（新一版）	姜乃昌	1993	中国建筑工业出版社
4	给水排水工程施工（新一版）	徐鼎文、常志续	1993	中国建筑工业出版社
5	给水排水工程计算机程序设计 *	彭永臻、崔福义	1994	中国建筑工业出版社
6	给水排水工程结构	刘健行、郭先瑚、苏景春	1994	中国建筑工业出版社

*1995 年获得第三届全国普通高等学校建筑类专业优秀教材二等奖。

2.4.4 第二届指导委员会教材建设

在本届指导委员会工作期间，教材建设分为 2 个阶段。第 1 阶段，指导委员会组织出版高等学校规划教材和教学参考书（具体出版情况见表 2.4-6)；第 2 阶段，从"九五"计划开始，建设部和国家层面开始有规划地进行教材建设，指导委员会也开始按照每个 5 年计划（规划）周期组织教材编写和推荐工作。

    "九五"期间，给水排水工程专业有《给水工程》、《水处理微生物学》和《水泵及水泵站》三部教材被评为国家"九五"重点教材；《排水工程》（上、下册）、《建筑给水排水工程》、《给水排水工程计算机程序设计》（出版时名称为《给水排水工程计算机应用》）和《水分析化学》等四部教材被评为建设部"九五"重点教材（建设部建教〔1996〕591 号文件）。"九五"重点教材立项具体情况见表 2.4-7。

第二届指导委员会期间出版的教材   表 2.4-6

序号	教材名称	主编（编、著）	出版时间	出版社
1	给水工程（第三版）	严煦世、范瑾初	1995	中国建筑工业出版社
2	排水工程（上册）（第三版）	孙慧修	1996	中国建筑工业出版社
3	排水工程（下册）（第三版）	张自杰	1996	中国建筑工业出版社
4	给排水物理化学（第二版）	石国乐、张凤英	1997	中国建筑工业出版社
5	建筑类专业英语 给水排水与环境保护 第 1 册	朱满才、王学玲	1997	中国建筑工业出版社
6	建筑类专业英语 给水排水与环境保护 第 2 册	傅兴海、褚羞花	1997	中国建筑工业出版社
7	建筑类专业英语 给水排水与环境保护 第 3 册	张文洁、濮宏魁	1997	中国建筑工业出版社
8	水分析化学（第二版）	黄君礼	1997	中国建筑工业出版社
9	给水排水工程施工（第三版）	郑达谦	1998	中国建筑工业出版社
10	水文学（第三版）	马学尼、黄廷林	1998	中国建筑工业出版社
11	供水水文地质（第三版）	刘兆昌、李广贺、朱琨	1998	中国建筑工业出版社
12	给水水源及取水工程	董辅祥	1998	中国建筑工业出版社
13	水处理微生物学	顾夏声、李献文、竺建荣	1998	中国建筑工业出版社
14	水泵及水泵站（第四版）	姜乃昌	1998	中国建筑工业出版社
15	建筑给水排水工程（第四版）	王增长	1998	中国建筑工业出版社
16	给水排水工程仪表与控制	崔福义、彭永臻	1999	中国建筑工业出版社
17	建筑给水排水工程 CAD	李献文、安静	1999	中国建筑工业出版社

国家及建设部"九五"重点教材   表 2.4-7

序号	教材名称	主编（编、著）	出版时间	出版社
1	水分析化学（第二版）	黄君礼	1997	中国建筑工业出版社
2	水泵及水泵站＊（第四版）	姜乃昌	1998	中国建筑工业出版社
3	水处理微生物学＊（第三版）	顾夏声、李献文、竺建荣	1998	中国建筑工业出版社
4	建筑给水排水工程（第四版）	王增长、曾雪华	1998	中国建筑工业出版社
5	给水工程＊（第四版）	严煦世、范瑾初	1999	中国建筑工业出版社
6	《排水工程》（上册）（第四版）	孙慧修	1999	中国建筑工业出版社
7	《排水工程》（下册）（第四版）	张自杰	2000	中国建筑工业出版社
8	给水排水工程计算机程序设计（第二版）	彭永臻、崔福义	2002	中国建筑工业出版社

注：＊为国家"九五"重点教材，其余为建设部"九五"重点教材。

2.4.5 第三届指导委员会教材建设

本届委员会组织进行了以主干课教材为核心的教材建设，新的教材体系初步形成。

（1）确定教材评选原则，使教材建设规范化。引入教材编写的竞争机制。本届指导委员会除了在教材选题立项、确定主编和主审、编写大纲审查等方面严格管理外，还确定了评选教材的如下原则与方法：

逐步建立与完善竞争机制，鼓励各有关院校积极申报和参与教材的编写，通过指导委员会的评选，向出版社推荐出版。

建立教材的主编负责制：即主编必须由学术水平较高、教学经验丰富、文字表达能力好的人担任；主编组织和确定参编人员，对全书编写质量和进度负责，编者一般不超过 3 人。

废除以往编写教材的"终身制"，引进滚动式的竞争机制，原则上遵循定期重新评选教材并确定主编的原则。

逐步采取跟踪考查与动态评选教材的竞争方式，即在指导委员会推荐的教材出版后，与出版社配合，收集读者的反馈意见，如果有必要，指导委员会可以推荐使用其他出版社出版的同类较好的教材，或尽快提前组织重新评选教材。

（2）教材建设规划。1999 年指导委员会三届二次（扩大）会议上，讨论了与新的培养方案配套的教材建设问题，以及主干课的教材选用及编写计划。围绕以 10 门主干课为主的教材建设，优先确定了《水资源利用与保护》、《水质工程学》、《给水排水管网系统》、《水工艺设备基础》、《水工程经济》、《城市水工程概论》和《土建工程基础》等 7 部教材编写计划。

在 2002 年的三届六次会议上，确定了第 2 批主要课程教材编写计划，有《水处理生物学》、《水分析化学》、《物理化学》、《建筑给水排水工程》和《水工程施工》5 部教材列入计划。

此外，还有《给水排水工程CAD》、《有机化学》、《水处理实验技术》、《水工程法规》、《水文学》、《城市水工程建设监理》、《水工艺仪表与控制》、《城市水系统运营与管理》、《给水排水工程专业设计丛书》、《水力学》和《城镇防洪与雨洪利用》等教材被先后列入编写计划。

（3）教材建设成果。16 部教材入选建设部土建学科专业"十五"教材规划（建人教高函〔2002〕103 号）；4 部教材入选国家级"十五"规划教材。2002 年，《水工艺仪表与控制》（哈尔滨工业大学崔福义主编）获得全国普通高等学校优秀教材二等奖。"十五"国家及土建学科专业规划教材立项具体情况见表 2.4-8。

国家及土建学科专业"十五"规划教材　　　　　　　　表 2.4-8

序号	教材名称	主编	出版时间	出版社
1	物理化学（第二版）	石国乐、张凤英	1997	中国建筑工业出版社
2	水文学（第三版）	马学尼、黄廷林	1998	中国建筑工业出版社
3	水资源利用与保护 *	李广贺	2002	中国建筑工业出版社
4	给水排水管网系统 *	严煦世、刘遂庆	2002	中国建筑工业出版社
5	有机化学（第二版）	蔡素德	2002	中国建筑工业出版社
6	城市水工程概论 #	李圭白、蒋辰鹏、范瑾初、龙腾锐	2002	中国建筑工业出版社
7	水工程经济	张勤	2002	中国建筑工业出版社
8	水工艺设备基础	黄廷林	2002	中国建筑工业出版社
9	土建工程基础	沈德植	2003	中国建筑工业出版社
10	水处理实验技术（第二版）	李燕城、吴俊奇	2004	中国建筑工业出版社
11	城市水工程建设监理	王季震	2004	中国建筑工业出版社
12	水质工程学 *	李圭白、张杰	2005	中国建筑工业出版社
13	建筑给水排水工程（第五版）	王增长	2005	中国建筑工业出版社
14	城市水系统运营与管理	陈卫、张金松	2005	中国建筑工业出版社
15	水工程施工	张勤、李俊奇	2005	中国建筑工业出版社

序号	教材名称	主编	出版时间	出版社
16	水工程法规	张智、周健、陶涛、宋宗宇、翟俊	2005	中国建筑工业出版社
17	水工艺仪表与控制（第二版）*##	崔福义、彭永臻、南军	2006	中国建筑工业出版社
18	给水排水工程专业设计丛书（主编崔福义）水源工程与管道系统设计计算	杜茂安	2006	中国建筑工业出版社
19	给水排水工程专业设计丛书（主编崔福义）水处理工程设计计算	韩洪军	2006	中国建筑工业出版社
20	给水排水工程专业设计丛书（主编崔福义）建筑给水排水工程设计计算	李玉华	2006	中国建筑工业出版社
21	水处理生物学（第四版）	顾夏声、胡洪营、文湘华、王慧	2006	中国建筑工业出版社
22	水分析化学（第三版）	黄君礼	2008	中国建筑工业出版社

注：* 为国家"十五"规划教材，其余为土建学科专业"十五"规划教材；
　　# 出版时名称改为《给排水科学与工程概论》；
　　## 出版时名称改为《给排水工程仪表与控制》。

2.4.6　第四届指导委员会教材建设

　　本届指导委员会继续推进和完善教材建设，共规划立项 16 部推荐教材，其中 13 部教材于 2007 年被评为普通高等教育土建学科专业"十一五"规划教材（其中 7 部同时被评为普通高等教育"十一五"国家级规划教材）（建人函〔2007〕83 号）。这批教材充分吸收给水排水工程专业的最新科技成果，并体现出本专业的工程特色。"十一五"规划教材具体情况见表 2.4-9。

土建学科专业"十一五"规划教材　　　　　　　　　　表 2.4-9

序号	教材名称	主编（编、著）	出版时间	出版社
1	有机化学（第三版）	蔡素德	2006	中国建筑工业出版社
2	水处理生物学（第五版）	顾夏声、胡洪营、文湘华、王慧	2006	中国建筑工业出版社
3	水文学（第四版）*	黄廷林、马学尼	2007	中国建筑工业出版社
4	泵与泵站（第五版）	姜乃昌、许仕荣、张朝升	2007	中国建筑工业出版社

续表

序号	教材名称	主编（编、著）	出版时间	出版社
5	城镇防洪与雨洪利用	张智	2008	中国建筑工业出版社
6	水力学	张维佳	2008	中国建筑工业出版社
7	给水排水管网系统＊（第二版）	严煦世、刘遂庆	2008	中国建筑工业出版社
8	土建工程基础（第二版）	唐兴荣	2009	中国建筑工业出版社
9	水工艺设备基础（第二版）＊	黄廷林	2009	中国建筑工业出版社
10	水处理实验技术（第三版）＊	吴俊奇、李燕城	2009	中国建筑工业出版社
11	水资源利用与保护（第二版）＊	李广贺	2010	中国建筑工业出版社
12	建筑给水排水工程（第六版）＊	王增长	2010	中国建筑工业出版社
13	城市河湖水系统与水环境＊#	王超、陈卫	2010	中国建筑工业出版社

注：＊为国家"十一五"规划教材，其余为土建学科专业"十一五"规划教材；
　　# 出版时更名为《城市河湖水生态与水环境》。

2.4.7 第五届指导委员会教材建设

2011 年 3 月，指导委员会推荐的 16 部教材被批准为高等教育土建学科专业"十二五"规划教材（建人函〔2011〕71 号），其中 5 部同时为国家"十二五"规划教材。"十二五"规划教材具体情况见表 2.4-10。

土建学科专业"十二五"规划教材　　　　　　表 2.4-10

序号	教材名称	主编（编、著）	出版时间	出版社
1	给排水科学与工程概论（第二版）＊	李圭白、蒋展鹏、范瑾初、龙腾锐	2010	中国建筑工业出版社
2	水处理生物学（第五版）	顾夏声、胡洪营、文湘华、王慧	2012	中国建筑工业出版社
3	水质工程学（第二版）	李圭白、张杰	2013	中国建筑工业出版社
4	水分析化学（第四版）	黄君礼、吴明松	2013	中国建筑工业出版社
5	给水排水管网系统（第三版）	严煦世、刘遂庆	2014	中国建筑工业出版社
6	水文学（第五版）	黄廷林、马学尼	2014	中国建筑工业出版社
7	水处理实验技术（第四版）＊#	吴俊奇、李燕城、马龙友	2015	中国建筑工业出版社
8	水力学（第二版）	张维佳	2015	中国建筑工业出版社
9	水工艺设备基础（第三版）＊	黄廷林	2015	中国建筑工业出版社
10	水资源利用与保护（第三版）	李广贺	2016	中国建筑工业出版社

续表

序号	教材名称	主编（编、著）	出版时间	出版社
11	泵与泵站（第六版）	许仕荣、张朝升	2016	中国建筑工业出版社
12	建筑给水排水工程（第七版）	王增长	2016	中国建筑工业出版社
13	城镇防洪与雨水利用（第二版）	张智	2016	中国建筑工业出版社
14	给排水工程仪表与控制（第三版）*	崔福义、彭永臻、南军、杨庆	2017	中国建筑工业出版社
15	水工程经济（第二版）	张勤	—	中国建筑工业出版社
16	水工程施工（第二版）	张勤、李俊奇	—	中国建筑工业出版社

注：* 为国家"十二五"规划教材，其余为土建学科专业"十二五"规划教材；
　　# 出版时更名为《水处理实验设计与技术》（第四版）。

2.4.8　第六届指导委员会教材建设

　　根据行业发展的需要，按照住房城乡建设部的要求，在 2013 年的六届一次会议上决定组织编写《城市垃圾处理》教材。该教材于 2015 年由中国建筑工业出版社出版。

　　在 2015 年举行的六届三次会议上，决定组织编写《水化学》教材，以适应专业改革深化发展的需要。

　　"十三五"规划教材立项在酝酿中。

2.5　师资队伍、平台条件与相关成果

2.5.1　工程院院士

　　截止到 2015 年，已有 11 名给排水专业的毕业生（或市政工程学科毕业的研究生）当选为中国工程院院士，详见表 2.5-1。

给排水专业与市政工程学科培养出的院士　　　　　　　　　　表 2.5-1

序号	院士姓名	毕业学校	现工作单位	当选时间
1	钱易	同济大学	清华大学	1994
2	刘鸿亮	清华大学	中国环境科学研究院	1994
3	李圭白	哈尔滨工业大学	哈尔滨工业大学	1995
4	汤鸿霄	哈尔滨工业大学	中国科学院生态环境研究中心	1995
5	张杰	哈尔滨建筑工程学院	哈尔滨工业大学	1997
6	郝吉明	清华大学	清华大学	2005

续表

序号	院士姓名	毕业学校	现工作单位	当选时间
7	任南琪	哈尔滨建筑工程学院	哈尔滨工业大学	2009
8	曲久辉	哈尔滨建筑工程学院	中国科学院生态环境研究中心	2009
9	侯立安	西安冶金建筑学院	火箭军工程设计院	2009
10	段宁	同济大学	中国环境科学研究院	2011
11	彭永臻	哈尔滨建筑工程学院	北京工业大学	2015

2.5.2　教学名师与教学团队

截止到 2015 年底，全国给排水专业共有省级教学名师 11 名（表 2.5-2）；另有 9 个教学团队获准省级教学团队（表 2.5-3）。

省级教学名师　　　　　　　　　　　　　　　　表 2.5-2

序号	姓名	所在学校	批准部门	批准时间
1	黄廷林	西安建筑科技大学	陕西省教育厅	2003
2	王全金	华东交通大学	江西省教育厅	2004
3	沈耀良	苏州科技学院	江苏省教育厅	2007
4	王晓昌	西安建筑科技大学	陕西省教育厅	2008
5	张学洪	桂林理工大学	广西壮族自治区教育厅	2008
6	于衍真	济南大学	山东省教育厅	2008
7	常青	兰州交通大学	甘肃省教育厅	2009
8	韩洪军	哈尔滨工业大学	黑龙江省教育厅	2009
9	胡锋平	华东交通大学	江西省教育厅	2009
10	张朝升	广州大学	广东省教育厅	2010
11	李亚峰	沈阳建筑大学	辽宁省教育厅	2013

省级教学团队　　　　　　　　　　　　　　　　表 2.5-3

序号	教学团队名称	负责人	所在学校	批准部门	批准时间
1	江苏省省级教学团队——工程流体力学团队	王世和	东南大学	江苏省教育厅	1998
2	重庆市市级教学团队——给水排水教学团队	张智	重庆大学	重庆市教育委员会	2008

序号	教学团队名称	负责人	所在学校	批准部门	批准时间
3	山东省省级优秀教学团队——水力学	于衍真	济南大学	山东省教育厅	2008
4	黑龙江省省级教学团队——水质工程学	李圭白	哈尔滨工业大学	黑龙江省教育厅	2009
5	江西省教学团队——给水排水教学团队	胡锋平	华东交通大学	江西省教育厅	2010
6	广东省教学团队——给水排水教学团队	张朝升	广州大学	广东省教育厅	2011
7	辽宁省优秀教学团队——给水排水教学团队	李亚峰	沈阳建筑大学	辽宁省教育厅	2011
8	河南省教学团队——水处理工程教学团队	陈松涛	河南城建学院	河南省教育厅	2011
9	广西壮族自治区区级教学团队——给水排水工程教学团队	张学洪	桂林理工大学	广西壮族自治区教育厅	2011

2.5.3　特色专业与基地建设

截止到 2015 年年底,全国给排水专业共获得国家级特色专业 7 个和省级特色(品牌、名牌、三特、示范等)专业 22 个(表 2.5-4);国家级专业综合改革试点 2 个和省级专业综合改革试点 5 个(表 2.5-5);入选国家级"卓越工程师教育培养计划"高校三批共 9 所和省级"卓越工程师教育培养计划"高校 2 所(表 2.5-6);国家级大学生实践基地、国家级实验教学示范中心、虚拟仿真实验教学中心等共 17 个和省级实践基地、实验教学中心 22 个(表 2.5-7)。

国家级与省级特色专业　　　　　　　　　　　　　　　　表 2.5-4

序号	名称	所在学校	批准部门	批准时间
		国家级特色专业		
1	国家级特色专业建设点	华东交通大学	教育部	2008
2	国家级特色专业建设点	兰州交通大学	教育部	2008
3	国家级特色专业建设点	广州大学	教育部	2008
4	国家级特色专业建设点	重庆大学	教育部	2008
5	国家级特色专业建设点	同济大学	教育部	2010

续表

序号	名称	所在学校	批准部门	批准时间
6	国家级特色专业建设点	沈阳建筑大学	教育部	2010
7	国家级特色专业建设点	西安建筑科技大学	教育部	2010
省级特色专业、品牌专业、名牌专业、三特专业、示范专业、扶持专业等				
1	江西省品牌专业	华东交通大学	江西省教育厅	2003
2	北京市品牌建设专业	北京建筑工程学院	北京市教育委员会	2005
3	广东省名牌专业	广州大学	广东省教育厅	2006
4	内蒙古自治区品牌专业	内蒙古科技大学	内蒙古自治区教育厅	2007
5	北京市特色专业	北京建筑工程学院	北京市教育委员会	2008
6	辽宁省示范专业	沈阳建筑大学	辽宁省教育厅	2008
7	内蒙古自治区品牌专业	内蒙古农业大学	内蒙古自治区教育厅	2008
8	江苏省特色专业	河海大学	江苏省教育厅	2008
9	山东省品牌专业	济南大学	山东省教育厅	2009
10	湖南省普通高等学校特色专业	湖南城市学院	湖南省教育厅	2009
11	陕西省特色专业	西安建筑科技大学	陕西省教育厅	2009
12	河南省特色专业建设点	河南城建学院	河南省教育厅	2010
13	广东省特色专业建设点	广州大学	广东省教育厅	2011
14	安徽省特色专业	安徽建筑大学	安徽省教育厅	2011
15	江苏省"十二五"重点专业	盐城工学院	江苏省教育厅	2012
16	山东省名校工程	济南大学	山东省教育厅	2013
17	重庆市三特(特色学校、特色学科、特色专业)专业	重庆大学	重庆市教育委员会	2014
18	安徽省特色专业	合肥工业大学	安徽省教育厅	2014
19	浙江省"十二五"普通本科高校新兴特色专业	浙江工业大学	浙江省教育厅	2014
20	湖北省普通高等学校战略性新兴(支柱)产业人才培养计划本科项目	武汉理工大学	湖北省教育厅	2014
21	湖北省普通高等学校战略性新兴(支柱)产业人才培养计划本科项目	武汉科技大学	湖北省教育厅	2014
22	辽宁省优势特色专业	沈阳建筑大学	辽宁省教育厅	2015

国家级与省级专业综合改革试点　　　　　　　　　表2.5-5

序号	名称	学校	批准部门	批准时间
国家级专业综合改革试点				
1	国家专业综合改革试点	重庆大学	教育部	2012
2	国家专业综合改革试点	同济大学	教育部	2012
省级专业综合改革试点				
1	河南省高等学校"专业综合改革试点"项目	河南城建学院	河南省教育厅	2012
2	辽宁省普通高等学校本科工程人才培养模式改革试点专业	沈阳建筑大学	辽宁省教育厅	2013
3	安徽省专业综合改革试点专业	安徽建筑大学	安徽省教育厅	2013
4	陕西本科高校省级"专业综合改革试点"项目	西安建筑科技大学	陕西省教育厅	2014
5	河南省高等学校"专业综合改革试点"项目	华北水利水电大学	河南省教育厅	2015

国家级和省级卓越工程师教育培养计划试点高校　　　　表2.5-6

序号	名称（批次）	学校	批准单位	批准时间
国家级				
1	卓越工程师教育培养计划（1）	哈尔滨工业大学	教育部	2010
2	卓越工程师教育培养计划（1）	同济大学	教育部	2010
3	卓越工程师教育培养计划（1）	西安建筑科技大学	教育部	2010
4	卓越工程师教育培养计划（1）	长安大学	教育部	2010
5	卓越工程师教育培养计划（2）	重庆大学	教育部	2011
6	卓越工程师教育培养计划（2）	山东建筑大学	教育部	2011
7	卓越工程师教育培养计划（2）	安徽建筑大学	教育部	2011
8	卓越工程师教育培养计划（3）	华中科技大学	教育部	2013
9	卓越工程师教育培养计划（3）	北京建筑大学	教育部	2013
省级				
1	卓越工程师培养计划	华东交通大学	江西省教育厅	2013
2	卓越人才培养计划	广州大学	广东省教育厅	2014

国家级和省级大学生实践基地 / 国家级实验教学中心　　　　表 2.5-7

序号	实践基地、实验教学中心	负责人	学校	批准部门	批准时间
	国家级				
1	国家级力学实验教学示范中心（流体力学）	隋永康	北京工业大学	教育部	2007
2	国家级土木工程实验教学示范中心（含给排水）	宗周红	东南大学	教育部	2008
3	国家级土木工程实验教学示范中心（含给排水）	杜修力	北京工业大学	教育部	2009
4	国家级环境类专业实验教学示范中心（含给排水）	彭党聪	西安建筑科技大学	教育部	2009
5	国家级工程实践教育中心—珠海水务集团	陶涛	同济大学	教育部	2012
6	国家级工程实践教育中心—上海市城市建设投资开发总公司	邓慧萍	同济大学	教育部	2012
7	国家级工程实践教育中心"湖南大学—中国建筑第五工程局有限公司工程实践教育中心"（含给排水）	施周	湖南大学	教育部	2012
8	国家级"本科教学工程"大学生校外实践教育基地建设项目：重庆大学—凌志国家级大学生实践基地	张勤	重庆大学	教育部	2012
9	广东工业大学中山环宇工程实践教育中心	梅胜	广东工业大学	教育部	2012
10	国家级"本科教学工程"大学生校外实践教育基地建设项目：北京建筑工程学院—中国新兴建设开发总公司工程实践教育中心	朱光	北京建筑大学	教育部	2013
11	国家级"本科教学工程"大学生校外实践教育基地建设项目：安徽建筑大学—安徽国祯环保节能科技股份有限公司工程实践教育中心	刘绍根	安徽建筑大学	教育部	2013
12	国家级实验教学示范中心（水环境实验教学中心）	冯萃敏	北京建筑大学	教育部	2013
13	国家级城市建设与环境工程实验教学中心	何强	重庆大学	教育部	2013
14	国家级土木工程虚拟仿真实验教学中心（含给排水）	杜修力	北京工业大学	教育部	2013
15	国家级大学实践教育中心"桂林理工大学—南宁建宁水务投资集团有限责任公司"大学生校外实践教育基地	张学洪	桂林理工大学	教育部	2013
16	吉博力实践教学中心	隋铭皓	同济大学	教育部	2014

序号	实践基地、实验教学中心	负责人	学校	批准部门	批准时间
17	哈尔滨工业大学市政环境国家级虚拟仿真实验教学中心	崔福义	哈尔滨工业大学	教育部	2014
省级					
1	北京市水质科学与水环境工程重点实验室	张杰	北京工业大学	北京市教育委员会	2001
2	南京水务集团	傅大放	东南大学	江苏省教育厅	2004
3	苏州市排水公司	傅大放	东南大学	江苏省教育厅	2004
4	北控水务南京市政设计研究院	傅大放	东南大学	江苏省教育厅	2004
5	北京市高等学校力学实验教学示范中心（流体力学）	隋永康	北京工业大学	北京市教育委员会	2006
6	江西省产学研合作示范基地	胡锋平	华东交通大学	江西省教育厅	2007
7	江西省实验教学示范中心	胡锋平	华东交通大学	江西省教育厅	2008
8	北京市高等学校土木工程教学示范中心	杜修力	北京工业大学	北京市教育委员会	2009
9	北京高等学校实验教学示范中心	吴俊奇	北京建筑工程学院	北京市教育委员会	2010
10	环境与市政工程综合训练中心——江苏省学科综合训练中心	沈耀良	苏州科技学院	江苏省教育厅	2011
11	市政环境类黑龙江省实验教学示范中心	陈忠林	哈尔滨工业大学	黑龙江省教育厅	2012
12	重庆市级实验教学示范中心	何强	重庆大学	重庆市教育委员会	2012
13	广东省大学生实践教育基地——中山环宇实业有限公司	梅胜	广东工业大学	广东省教育厅	2012
14	湖北省污水处理一体化产学研教学基地	李孟	武汉理工大学	湖北省科技厅	2012
15	重庆大学—攀枝花自来水公司重庆市级大学生实践基地	何强	重庆大学	重庆市教育委员会	2013
16	辽宁工业大学—锦州市市政工程总公司工程实践教育中心	贾艳东	辽宁工业大学	辽宁省教育厅	2013
17	陕西省给水排水工程专业大学生校外实践教育基地	黄廷林	西安建筑科技大学	陕西省教育厅	2013

续表

序号	实践基地、实验教学中心	负责人	学校	批准部门	批准时间
18	湖南省高校产学研合作示范基地	张伟	湖南城市学院	湖南省教育厅	2014
19	安徽建筑大学—滁州市自来水公司共建给排水科学与工程专业互动式实践教育基地	张华	安徽建筑大学	安徽省教育厅	2014
20	环境与市政工程综合训练中心	沈耀良	苏州科技学院	江苏省教育厅	2014
21	江苏高校水处理技术与材料协同创新中心	黄勇	苏州科技学院	江苏省教育厅	2014
22	市政环境类工业和信息化部实验教学示范中心	陈忠林	哈尔滨工业大学	工业和信息化部	2015

2.5.4 教学成果

指导委员会积极倡导专业建设与教学改革，鼓励各高校积极承担各类教学改革项目并申报教学成果奖。据不完全统计，截止到 2015 年底，全国各高校给排水专业教师获得省部级以上各类教学成果奖（含教材奖）26 项，见表 2.5-8。

全国给排水科学与工程专业获得的教学成果奖　　　表 2.5-8

序号	项目名称	奖项、等级	获奖者	学校	批准部门	获奖时间
1	给水排水专业课程体系改革、建设的研究与实践	国家级优秀教学成果奖二等奖	李圭白、崔福义、蒋展鹏、范瑾初、龙腾锐	哈尔滨工业大学、清华大学、同济大学、重庆大学等	教育部	2005
2	《排水工程》（下）	建设部优秀教材一等奖	张自杰	哈尔滨建筑工程学院	建设部	1986
3	《给水工程》（第一版）	建设部优秀教材二等奖	杨钦、严煦世	同济大学	建设部	1987
4	《给水工程》（第二版）	建设部优秀教材一等奖	杨钦、严煦世	同济大学	建设部	1991
5	《水处理工程》系列课程教学改革	北京市普通高等学校教学成果一等奖	张晓健等	清华大学	北京市人民政府	1993
6	《给水排水工程计算机程序设计》	建设部优秀教材二等奖	彭永臻、崔福义	哈尔滨建筑大学	建设部	1996

续表

序号	项目名称	奖项、等级	获奖者	学校	批准部门	获奖时间
7	《给水工程》（第三版）	全国普通高等学校优秀教材二等奖	严煦世、范瑾初	同济大学	教育部	1997
8	改革水处理工程设计，提高学生工程设计能力	北京市普通高等学校教学成果一等奖	陆正禹、卜城、张晓健等	清华大学	北京市人民政府	1997
9	以工程为主线，强化给水排水实践性教学环节的改革	四川省教学成果奖二等奖	刘荣光、郝以琼、张智、廖足良、张勤	重庆大学	四川省人民政府	1997
10	《给水排水工程计算机程序设计》	建设部科技进步奖三等奖	彭永臻、崔福义、俞辉群	哈尔滨建筑大学	建设部	1998
11	创立"给水排水工程仪表与控制"课程，积极探索专业教学改革	黑龙江省优秀教学成果二等奖	崔福义、彭永臻	哈尔滨建筑大学	黑龙江省教育委员会	1999
12	给水排水工程本科教学系列课程的设置及实践	陕西省教学成果二等奖	黄廷林、高羽飞、卢四民、袁宏林、王俊萍	西安建筑科技大学	陕西省人民政府	2001
13	深化专业教学改革，培养水工业复合型人才的研究与实践	湖南省优秀教学成果奖二等奖	谢水波、樊建军、娄金生、余健、何芳	南华大学、湖南大学	湖南省教育厅	2001
14	走"产、学、研"相结合的道路，促进市政工程学科建设	重庆市教学成果奖一等奖	龙腾锐、张勤、何强、蒋绍阶、王圃	重庆大学	重庆市人民政府	2001
15	《给水排水工程仪表与控制》	全国普通高等学校优秀教材二等奖	崔福义、彭永臻	哈尔滨工业大学	教育部	2002
16	《流体力学泵与风机》	全国普通高等学校优秀教材二等奖	蔡增基、龙天渝	重庆大学	教育部	2002
17	《水文学》教材建设	陕西省教学成果一等奖	黄廷林、马学尼、王俊萍	西安建筑科技大学	陕西省人民政府	2003

续表

序号	项目名称	奖项、等级	获奖者	学校	批准部门	获奖时间
18	水处理实验教学内容的改革与实践	第五届广东省高等教育省级教学成果奖一等奖	张可方、张朝升、伍小军、周莉萍、方茜	广州大学	广东省教育厅	2005
19	水工艺设备基础教材建设、改革与实践	陕西省教学成果二等奖	黄廷林、高羽飞、卢四民、熊家晴	西安建筑科技大学	陕西省人民政府	2005
20	给水排水工程专业创新型人才培养体系建设研究与实践	黑龙江省高等教育教学成果奖一等奖	崔福义、张晓健、高乃云、张智、李伟光等	哈尔滨工业大学、清华大学、同济大学、重庆大学等	黑龙江省教育厅	2009
21	依托重点实验室建设，提高本科创新教学水平	重庆市高等教育教学成果奖三等奖	何强、陈金华、胡学斌、蒋绍阶、邓晓莉	重庆大学	重庆市人民政府	2009
22	给水排水工程专业实践教学的探索与实践	第六届广东省高等教育省级教学成果奖二等奖	张朝升、张可方、樊建军、胡晓东、方茜	广州大学	广东省教育厅	2010
23	工程设计类课程《建筑给水排水工程》的教学研究与实践	山西省普通高等学校教学成果奖三等奖	岳秀萍、陈启斌、王孝维、王增长、陈宏平	太原理工大学	山西省人民政府	2011
24	基于"水量水质并重"的给水排水工程专业的人才培养模式探索与实践	北京市高等教育教学成果奖一等奖	张雅君、冯萃敏、许萍、王俊岭、曹秀芹	北京建筑大学	北京市人民政府	2013
25	给排水科学与工程专业发展战略与专业规范研究及其创新性实践	黑龙江省高等教育教学成果奖一等奖	崔福义、袁一星、李伟光、南军、李欣、王广智	哈尔滨工业大学	黑龙江省教育厅	2013
26	给排水专业学生创新能力培养的研究与实践	黑龙江省高等教育教学成果奖二等奖	韩洪军、马文成	哈尔滨工业大学	黑龙江省教育厅	2013

2.5.5 优秀教师与先进集体

在多年的专业建设过程中，全国高校给排水科学与工程专业教师积极投身教学和科研活动，被国家和省市有关部门授予"优秀教师"、"模范教师"等荣誉称号，一些集体也得到了相关部门的表彰。据不完全统计，全国各高校给排水科学与工程专业教师获得全国劳动模范、全国优秀教师、全国模范教师等各类荣誉称号4项；给排水科学与工程专业所在教研室、系、学院等集体获全国教育系统先进集体、教师职业道德先进集体等各类荣誉称号8项，详见表2.5-9。

全国给排水科学与工程专业教师或集体获得的荣誉   表2.5-9

序号	荣誉称号	获得者	学校	批准部门	获得时间
个人荣誉称号					
1	高等学校先进科技工作者	李圭白	哈尔滨建筑工程学院	国家教育委员会和国家科学技术委员会	1990
2	全国优秀教师	龙腾锐	重庆建筑大学	教育部	1998
3	全国模范教师	黄廷林	西安建筑科技大学	人力资源与社会保障部、教育部	2004
4	全国模范教师	常青	兰州交通大学	人力资源与社会保障部、教育部	2009
集体荣誉称号					
1	全国科研先进集体	水处理研究系	哈尔滨建筑工程学院	全国科学大会	1978
2	全国科研工作先进集体	给水排水工程教研室	哈尔滨建筑工程学院	国家教育委员会和国家科学技术委员会	1990
3	全国职工模范小家	市政与环境工程系	哈尔滨建筑大学	中华全国总工会	1996
4	全国五一劳动奖状	市政环境工程学院	哈尔滨建筑大学	中华全国总工会	1999
5	全国教育系统先进集体	资源与环境学院	桂林理工大学	人力资源与社会保障部、教育部	2009
6	全国职工模范小家	环境与市政工程学院	西安建筑科技大学	中华全国总工会	2010
7	全国教育系统先进集体	环境科学与工程学院	桂林理工大学	人力资源与社会保障部、教育部	2014
8	全国五一巾帼奖状	水环境保护与利用教学与科研巾帼攻关组	桂林理工大学	中华全国总工会	2015

2.6 指导委员会承担的教学改革项目

指导委员会围绕深化教育教学改革工作，积极承担教学改革研究项目，先后结合专业整体改革、专业发展战略与专业规范、卓越计划人才培养体系等，组织立项并开展研究，研究成果为专业建设提供了有力的支撑。

2.6.1 指导委员会承担的国家级和省部级教改项目概况

近年来，指导委员会承担的国家级和省部级教改项目情况汇总于表2.6-1。

指导委员会承担的国家级和省部级教改项目情况　　　　　　表2.6-1

序号	项目名称	负责人	项目来源	项目编号	执行时间	获奖情况
1	给水排水专业工程设计类课程改革的实践（给水排水专业课程体系改革、建设的研究与实践）	李圭白	教育部21世纪初高等理工科教育教学改革项目（新世纪高等教育教学改革工程）	1282B09041	2000.10~2003.10	2004年获得黑龙江省教学成果一等奖 2005年获得国家优秀教学成果二等奖
2	给水排水工程专业发展战略与专业规范研究	崔福义	住房城乡建设部教学改革重点项目	—	2009.2~2011.4	部分前期工作于2009年获得黑龙江省高等教育教学成果一等奖
3	围绕"卓越计划"，创新给水排水工程专业工程教育人才培养体系研究	崔福义	住房城乡建设部教学改革重点项目	—	2011.1~2013.4	—

2.6.2 教育部21世纪初高等理工科教育教学改革项目：给水排水专业工程设计类课程改革的实践（给水排水专业课程体系改革、建设的研究与实践）（2000年10月~2003年10月）

（1）项目概况

项目负责人：李圭白院士

主持学校：哈尔滨工业大学

主要参加学校：清华大学、同济大学、重庆大学

参加学校：北京工业大学、南京工业大学、苏州科技学院、西安建筑科技大学、北京建筑工程学院、太原理工大学、长安大学、华中科技大学、南开大学、华北水利水电学院、广州大学、吉林建筑工程学院、昆明理工大学、河北科技大学、广东工业大学、兰州交通大学、河海大学、天津城市建设学院、云南省交通职业技术学院、安徽工业大学。

项目主要参加人员见表2.6-2。

"给水排水专业课程体系改革、建设的研究与实践"项目主要参加人员　　　表2.6-2

姓名	职务/职称	学科领域	所在单位
李圭白	院士/教授	给水排水工程	哈尔滨工业大学
崔福义	教授	给水排水工程	哈尔滨工业大学
蒋展鹏	教授	给水排水工程	清华大学
范瑾初	教授	给水排水工程	同济大学
龙腾锐	教授	给水排水工程	重庆大学
以下按姓氏笔画排序			
于水利	教授	给水排水工程	哈尔滨工业大学
王启山	教授	给水排水工程	南开大学
邓慧萍	副教授	给水排水工程	同济大学
李广贺	教授	给水排水工程	清华大学
李亚新	教授	给水排水工程	太原理工大学
李伟光	教授	给水排水工程	哈尔滨工业大学
吴一繁	教授	给水排水工程	同济大学
张杰	院士/教授	给水排水工程	哈尔滨工业大学
张智	教授	给水排水工程	重庆大学
张勤	副教授	给水排水工程	重庆大学
张晓健	教授	给水排水工程	清华大学
张雅君	副教授	给水排水工程	北京建筑工程学院
陆坤明	教授级高工	给水排水工程	深圳水务集团
陈卫	教授	给水排水工程	河海大学

续表

姓名	职务 / 职称	学科领域	所在单位
岳秀萍	副教授	给水排水工程	太原理工大学
金兆丰	教授	给水排水工程	同济大学
赵乱成	教授	给水排水工程	长安大学
胡洪营	教授	给水排水工程	清华大学
袁一星	教授	给水排水工程	哈尔滨工业大学
高乃云	教授	给水排水工程	同济大学
唐兴荣	教授	给水排水工程	苏州科技学院
陶涛	教授	给水排水工程	华中科技大学
黄勇	教授	给水排水工程	苏州科技学院
黄廷林	教授	给水排水工程	西安建筑科技大学
彭永臻	教授	给水排水工程	北京工业大学

项目主要内容简介:

教育部在 2000 年初设立了世行贷款 21 世纪初高等理工科教育教学改革项目,其中在指南中设立了"给水排水专业工程设计类课程改革的实践"项目(研究期间更名为教育部"新世纪高等教育教学改革工程"中的项目"给水排水专业课程体系改革、建设的研究与实践"),由指导委员会承担进行。根据给水排水工程教学改革与建设的整体情况,指导委员会决定借助于该项目,对专业课程体系、教材建设和专业课程三方面开展系统研究,主要包括如下研究内容:

1)专业课程体系的建设与实践。构建以水科学与工程学科为发展方向的新的课程体系,明确各门课程的基本内容和教学基本要求。

2)专业教材体系建设研究。研究建立符合新的课程体系要求的相应的教材体系;制定教材编写大纲;编写出版相应的教材。

3)专业课程改革实践。提出教学实施方案;新教学体系的实施实践。

希望通过上述的研究与实践,形成一套面向 21 世纪的给水排水工程人才培养体系,适应社会经济发展对本专业人才的需求。通过改革,拓宽本专业的口径和服务领域,完善和优化学生的知识能力结构,强化工程意识和工程训练,全面提高学生素质,培养学生的创新意识和自主能力,以满足我国水工业产业的发展和技术进步对人才培养的要求。

该项目在哈尔滨工业大学、清华大学、同济大学和重庆大学等4所学校牵头下，以指导委员会为依托，会同全国24所有关高校，共同进行研究与实践，已按计划全面完成。

该项目最终形成的系统成果指导了全国给排水专业的发展，该项目于2005年获得了国家级教学成果奖。

（2）项目主要成果

1）给水排水工程专业培养方案。与指导委员会的工作相结合，在1999年制定的培养方案基础上，对培养方案的内容进行了进一步的细化与规范化。修订后的培养方案由"给水排水工程专业本科教育（四年制）培养目标和毕业生基本规格"及"给水排水工程专业本科（四年制）培养方案"两部分组成，特别是在毕业生基本要求和课程设置与实践性教学环节部分进行了较大程度的充实，可操作性更好，体现了给水排水工程专业改革与发展的需求。

2）主要课程教学基本要求。在新的培养方案中，专业课程体系进行了大幅度的调整，许多课程进行了整合重组、内容扩充，新增了若干新课程。为此，进行各门课程教学基本要求的制定或修订工作。完成了包括10门主干课在内的17门主要课程教学基本要求的制定（修订）工作。

3）教材建设。在新的培养方案框架下，一批新兴课程需要新编教材，一些传统课程内容需要更新、原有教材需要修订。在指导委员会的组织下，分批建设教材共20部；一批原有教材修订再版。上述教材中，有1部教材获得2002年全国普通高等学校优秀教材2等奖，有4部教材被列入普通高等教育"十五"国家教材规划选题，有16部教材被列入普通高等教育土建学科专业"十五"教材规划选题。符合新培养方案需要的教材体系初步形成。

4）实践研究报告。项目组在指导委员会的支持下，邀请部分学校开展了教学改革实践研究工作。此部分工作共分为14个子题，分别从不同的侧面对新培养方案及新教学体系的实施进行了广泛的研讨。共完成研究报告64篇：

给水排水工程专业课程体系改革的教学实践（8篇）

给水排水工程专业新教学计划的制定与实践（8篇）

"水质工程学"课程的整合与教学实践（6篇）

"给水排水管道工程"课程的整合与教学实践（5篇）

"水资源利用与保护"课程的整合与教学实践（2篇）

"水工艺仪表与控制"课程的整合与教学实践（1篇）

"建筑给水排水工程"课程的整合与教学实践（2篇）

"水工艺设备基础"课程的整合与教学实践（1篇）

"土建工程基础"课程的整合与教学实践（1篇）

"水工程经济"课程的整合与教学实践（3篇）

给水排水工程专业课程设计的改革与实践（2篇）

给水排水工程专业实习的改革与实践（9篇）

给水排水工程专业毕业设计的改革与实践（13篇）

给水排水工程专业实验课的改革与实践（3篇）

上述项目研究主要成果"给水排水专业课程体系改革、建设的研究与实践"于2004年10月通过全国高等学校教学研究中心成果鉴定。

（3）研究成果的意义

该项目是在给水排水工程专业发展历史中进行的第一次全面、系统的改革研究，项目成果对本学科的发展有重要指导意义。

其特点体现在：

1）改革方向符合社会发展对专业人才的需求。通过改革，专业的内涵发生了巨大的变化，培养方案和课程体系体现了以水质为核心的思想、体现了社会主义市场经济对人才的需求。

2）改革的全面性与系统性。改革工作涉及了专业教育的各个方面，包括专业培养方案的修订和相应课程体系的建立，包括配套的教材体系的建立、教学基本要求的制定与教材的编写，还包括实践研究与评价。这些改革工作是根据研究计划，有组织进行的。

3）改革的权威性与广泛性。改革工作是以指导委员会为平台展开，在指导委员会的协调下进行的。参加这一研究工作的学校达24所，约占全国开设给水排水工程专业学校数的40%，具有广泛的代表性。改革过程也是这些学校对专业发展的认识过程。通过研究工作，这些学校对本专业的办学提高了认识，统一了思想，对专业的发展充满了信心。同时，对其他相关学校也起到了很好的带动作用。

4）改革研究与实践紧密结合。改革的过程也是各学校对给水排水专业进行调整的实践过程。通过实践总结经验，使改革的成果更具有指导性。

2.6.3　住房城乡建设部教学改革重点项目：给水排水工程专业发展战略与专业规范研究（2009年2月~2011年4月）

（1）项目概况

项目负责人：崔福义教授

负责人所在单位：哈尔滨工业大学

项目主要参加人员见表2.6-3。

"给水排水工程专业发展战略与专业规范研究"教学改革项目主要参加人员　　表2.6-3

姓名	专业职务	所在学校
崔福义	教授	哈尔滨工业大学
张晓健	教授	清华大学
高乃云	教授	同济大学
张智	教授	重庆大学
李伟光	教授	哈尔滨工业大学
李圭白	院士／教授	哈尔滨工业大学
张杰	院士／教授	哈尔滨工业大学
王三反	教授	兰州交通大学
王龙	教授	山东建筑工程学院
邓慧萍	教授	同济大学
吕谋	教授	青岛理工大学
何强	教授	重庆大学
张学洪	教授	桂林工学院
张朝升	教授	广州大学
张雅君	教授	北京建筑工程学院
陈卫	教授	河海大学
施周	教授	湖南大学
袁一星	教授	哈尔滨工业大学
陶涛	教授	华中科技大学
高俊发	教授	长安大学
黄勇	教授	苏州科技学院
黄廷林	教授	西安建筑科技大学
彭永臻	教授	北京工业大学
崔崇威	教授	哈尔滨工业大学
胡洪营	教授	清华大学

续表

姓名	专业职务	所在学校
李广贺	教授	清华大学
刘遂庆	教授	同济大学
张勤	教授	重庆大学
张毅	教授	苏州科技学院
张维佳	教授	苏州科技学院
唐兴荣	教授	苏州科技学院
王增长	教授	太原理工大学

项目主要研究内容：

给水排水工程专业作为水业高级人才培养和科技发展的重要支撑，已具有相当的规模和较高的发展水平，在全国已有 140 余所高校设置给水排水工程本科专业，并呈不断增加的趋势。但目前存在本科教育培养目标和知识结构趋同，培养模式单一，缺乏针对性、适应性、灵活性，专业教育特色不鲜明等问题。因此，开展给水排水工程专业发展战略与专业规范研究很有必要。给水排水工程专业指导委员会承担此项研究工作。主要工作内容：

1）给水排水工程专业发展战略研究，包括研究给水排水工程专业发展现状、社会需求与发展态势、本专业教育改革的战略思考、政策性建议；

2）给水排水工程专业指导性专业规范研究，包括给水排水工程专业基础分析，制定专业培养目标、培养规格、教学内容、课程体系、基本教学条件等。

（2）项目研究过程

指导委员会于 2009 年 2 月 13 日在北京召开了项目启动工作会议，项目负责人、指导委员会主任委员、哈尔滨工业大学崔福义教授介绍了"给水排水工程专业发展战略与专业规范研究"项目的立项背景及意义，并传达了教育部人教司关于高等学校理工科本科指导性专业规范编制的有关要求。项目组成员单位哈尔滨工业大学、清华大学、同济大学、重庆大学等 16 所高校参加会议。会议确定了给水排水工程专业发展战略及专业规范编制的基本原则与主要内容，并进行了工作分工。指导委员会将开展专业规范和专业发展战略研究作为 2009 年和 2010 年的工作重点，项目组各成员单位按照指导委员会的总体安排开展了大量的前期调研工作，全体委员参与了专业规范的研究，并在所在学校对专业规范编制的思路和要求进行宣传。

2009年8月，项目组在长沙召开了第二次工作会议，本次会议对前一段专业规范编制工作进行了总结，并决定由哈尔滨工业大学对专业规范中所涵盖的知识领域进行初步的汇总工作。

2010年3月末，项目组在广州召开了第三次工作会议，项目负责人崔福义教授简要总结了前阶段专业规范编制、专业发展战略研究项目工作的总体进展情况。在本次会议上，项目组成员分别就各自承担的项目工作做了全面汇报。与会代表针对专业规范编制、专业发展战略研究报告进行了认真讨论，分析了报告中存在的有关问题并明确了下阶段的工作重点，就知识领域、核心学时确定等内容达成了共识并确定了完成后续工作的时间表。根据广州会议精神，2010年5月，专业规范编制、专业发展战略研究报告（讨论稿）由项目组成员负责在本校内对全部报告内容征求意见；由指导委员会负责向国内其他相关高校广泛征求意见；还通过给水排水工程专业评估委员会征求了工程界专家的意见。根据上述各方面的意见，项目组对两个文件进行了认真的修改。

2010年8月初，项目组在上海召开了第四次工作会议，与会代表对广泛征求意见后的专业规范编制、专业发展战略研究报告进行了认真讨论，并提出了进一步的修改意见。上海会议后，根据项目组的讨论意见，项目组的主要人员又多次对报告进行了修改完善，在此基础上形成了专业规范（送审稿）和给水排水工程专业发展战略研究报告（送审稿）。

2011年4月，项目通过土建学科教学指导委员会专家组验收，形成了《专业规范》（报批稿）。验收专家组认为本成果具有权威性、通用性与指导性，充分体现了给排水专业建设与发展的总体要求，对全国该专业的规范化办学、提高质量具有重要的指导意义。其后，为了与国家专业目录修订工作协调，"高等学校给排水科学与工程本科指导性专业规范"及"给排水科学与工程专业发展战略研究报告"延后至2012年11月由住房城乡建设部批准颁布执行。

（3）项目主要成果

1）专业发展战略研究报告

全面、深入总结了给排水科学与工程专业的历史沿革与现状，系统研究了给排水科学与工程专业的社会需求与发展态势、给排水科学与工程专业的发展特征、给排水科学与工程专业教育改革战略等重点问题。特别是在教育改革战略方面提出了以下9点指导性建议：

①加强政府指导作用，实现政府、行业、学校三位一体办学；

②跟踪行业发展，不断完善培养方案与课程体系；

③适应社会需求，强化专业实践教学体系；

④建设与《专业规范》相适应的给排水科学与工程专业教材体系；

⑤构建科学的专业教育质量评价体系，加强专业教育与注册师制度衔接及评估工作；

⑥根据行业需求和各高校的办学特色，形成分层次、多规格的人才培养体系；

⑦加强师资队伍建设；

⑧创新人才培养模式；

⑨增强社会服务能力。

给排水科学与工程专业发展战略研究报告为全国不同类型高校开展给排水科学与工程专业建设提供了具有重要参考价值的思路与对策。在新的历史条件下，面临新的发展机遇，给排水科学与工程专业发展战略研究报告对指导全国不同类型高校的教学改革与实践具有重要的指导意义。

2）给排水科学与工程专业规范

针对给排水科学与工程专业发展趋势与社会需求，项目组在给排水科学与工程专业的学科基础、培养目标、培养规格、教学体系、教学内容、基本教学条件等6个方面对专业规范开展了深入、系统的研究并明确了以下主要内容：

①给排水科学与工程专业知识体系结构

给排水科学与工程专业"知识体系"由人文社会科学知识体系、自然科学知识体系、专业知识体系等部分组成。专业规范对专业知识体系细分为6个知识领域，即专业理论基础、专业技术基础、水质控制、水的采集和输送、水系统设备仪表与控制、水工程建设与运营知识领域。

②核心知识单元

每个知识领域包含有若干个知识单元，分成核心知识单元和选修知识单元两种，重点突出核心知识单元。核心知识单元是本专业知识体系的最小集合，是专业的最基本要求。选修知识单元体现了给排水科学与工程专业各个方向的要求和各校不同的特色。"报批稿"中提出了给排水科学与工程专业的核心知识单元，也推荐了一些选修知识单元。《专业规范》以附录方式列出每个知识单元的学习目标、所包含的知识点及其所需的最少讲授时间或实验时间。课程设置是高等学校的办学自主权，也是体现办学特色的基础。为了方便一些学校的课程建设，"规范"推荐了一些核心课程供参考，并按照知识单元给出了一个总的参考学时。

③实践能力培养

为提高学生的实践能力，给排水科学与工程专业应强化实践性环节的教学。"规范"对实验、实习、课程设计、毕业设计四个领域提出要求。通过实践教育，培养学生具有实验技能、工程设计和施工的能力和科学研究的初步能力等。根据国家制定指导性专业规范的主导原则，本实践体系是对给排水科学与工程本科专业实践教学质量的最低要求，主要规定本科学生应该学习和掌握的基本实践知识和基本技能。不同层次、不同类型的学校可在这个最低要求基础上增加内容，制定本校的实践教学的要求，以求在满足本要求的基础上，体现各高校自己的办学定位和办学特色。

④创新人才培养

在创新人才培养方面，通过课堂教学、实验、实习和设计等环节培养学生初步的创新能力。强调以知识体系为载体，课堂知识教育中的创新；以实践环节为载体，在实验、实习和设计中体现创新；开设有关创新思维、创新能力培养和创新方法的相关课程；提倡和鼓励学生参加创新活动。

⑤专业基本教学条件

在规范中对师资队伍、教材、图书资料、实验室、实习基地、教学经费、主要参考指标等办学条件提出了最低要求。这些专业基本教学条件的制定为各种类型的高校规范化办学提供了依据。

《给排水科学与工程本科指导性专业规范》主要特点包括：

①在考虑给排水科学与工程专业办学现状的基础上，《专业规范》充分体现了专业建设与发展的总体要求；

②《专业规范》有机地继承和发展了原有的教改成果；

③《专业规范》充分结合给排水科学与工程专业评估标准中的有关要求；

④《专业规范》以核心知识为载体，规定学生应该学习的基本理论、基本技能和基本应用；

⑤以推动教学内容和课程体系改革为切入点，给各高校发挥特色办学留有足够的空间。

（4）研究成果的意义

"给排水科学与工程专业发展战略"与"给排水科学与工程本科指导性专业规范"两个文件，分别从专业发展的宏观指导和专业办学的具体要求方面进行了分析与规定, 具有充分的权威性、通用性与指导性, 是给排水科学与工程专业的两个重要文件, 其颁布施行将对该专业的规范、有序、健康发展发挥重要作用。

2.6.4 住房城乡建设部教学改革重点项目: 围绕"卓越计划", 创新给水排水工程专业工程教育人才培养体系研究 (2011年1月~2013年4月)

(1) 项目概况

项目负责人: 崔福义教授

负责人所在单位: 哈尔滨工业大学

项目主要参加人员见表2.6-4。

"围绕'卓越计划', 创新给水排水工程专业工程教育人才培养体系研究"

项目主要参加人员　　　　　　　　　　　　　表 2.6-4

姓 名	专业职务	所在单位
崔福义	教授	哈尔滨工业大学
张晓健	教授	清华大学
沈裘昌	教授级高工	上海市政工程设计研究总院
以下按姓氏笔画排列		
于水利	教授	同济大学
王彤	副教授	长安大学
王俊萍	讲师	西安建筑科技大学
孔令勇	教授级高工	中国市政工程西北设计研究院
邓志光	教授级高工	中国市政工程中南设计研究院
邓慧萍	教授	同济大学
刘巍荣	教授级高工	中国兵器工业第五设计研究院
李欣	副教授	哈尔滨工业大学
李成江	教授级高工	中国市政工程华北设计研究院
李伟光	教授	哈尔滨工业大学
杨利伟	讲师	长安大学
张智	教授	重庆大学
张朝升	教授	广州大学

姓 名	专业职务	所在单位
张雅君	教授	北京建筑工程学院
陈卫	教授	河海大学
赵锂	教授级高工	中国建筑设计研究院
南军	教授	哈尔滨工业大学
施周	教授	湖南大学
袁一星	教授	哈尔滨工业大学
黄勇	教授	苏州科技学院
黄廷林	教授	西安建筑科技大学

项目主要研究内容：

1）从共同制定培养目标、共同建设课程体系、共同实施培养过程等方面，研究建立校企联合给水排水工程专业"卓越工程师教育培养计划"合作人才培养机制。

2）研究加强给水排水专业工程教育的人才培养模式改革，以强化工程实践能力与工程创新能力为核心，加强跨专业的复合型人才培养。

3）研究建设具有一定工程经历的高水平专、兼职教师队伍的有效耦合机制，以充分发挥高校教师和企业具有丰富工程实践经验的技术、管理人员的优势互补作用。

4）研究提升学生跨文化交流、合作能力、参与国际竞争能力及能够适应企业"走出去"战略需要的工程型人才的有效途径。

5）制定"卓越计划"的行业人才培养标准：研究给水排水工程专业"卓越工程师教育培养计划"的行业标准，为"卓越计划"在全国给水排水工程专业的推广提供指导。

（2）项目研究过程

根据《国家中长期教育改革和发展规划纲要（2010～2020年）》的有关精神，培养造就创新能力强、适应经济社会发展需要的高质量工程技术人才、提升建设创新型国家的人力资源优势，迫切需要开展给水排水专业创新工程教育人才培养体系研究。为此，2011年住房城乡建设部将"围绕'卓越计划'，创新给水排水工程专业工程教育人才培养体系研究"列为教学改革重点项目，并委托给水排水工程专业指导委员会承担此项研究工作。指导委员会与首批列入"卓越计划"试点的哈尔滨工业大学、同济大学、西安建筑科技大学、长安大学等学校，会同"卓越计划"给水排水工程专业专家组，根据本项目的研究目标和研究内容，以实施"卓越工程师教育培养计划"为核心，经过几年来深入、系统的研究，通过构建优化的给水排水专业创新工程教育人才培养体系，大力促进了给水排水工程专业工程教育改革和创新，取得了许多重要的研究成果，为全面提高工程教育人才培养质量奠定了重要基础。

本研究围绕项目总体目标，以4所首批试点学校为依托，项目组成员分工合作，以分散研究、会议研讨等多种形式相结合的方式开展研究工作。

1）项目研讨会

2011年1月，在西安建筑科技大学召开了"卓越计划"给水排水工程专业专家组第一次工作会议暨试点学校实施方案汇报会，哈尔滨工业大学等试点学校根据项目研究内容的要求制定了详细的研究计划并进行了交流。

2011年5月，在湖南大学召开了"卓越计划"给水排水工程专业专家组第二次工作会议，讨论了《卓越工程师教育培养计划给水排水工程专业本科培养标准》编写过程中遇到的一些问题及解决办法。

2011年8月，在桂林理工大学召开的全国给水排水工程学科专业指导委员会扩大会议上和给水排水工程专业"卓越计划"专家组第三次会议上，对"卓越计划"本科培养标准征求意见稿做了进一步的修改完善，完成了给排水科学与工程专业本科培养标准的送审稿。

2）制定特色鲜明的给水排水工程专业"卓越工程师教育培养计划"本科生培养方案

在制定"卓越工程师教育培养计划"本科生培养方案中，各试点学校强调校企联合的培养机制，侧重学生工程能力培养，试点学校与相关合作企业协商制定了给水排水工程专业（给排水科学与工程专业）卓越工程师教育培养计划企业培养方案，明确企业培养环节的若干要求，包括：培养目标、培养内容、师资要求、考核指标，保证学生在企业期间的实习效果等。同时，针对"卓越计划"的要求，根据新制定的培养方案，为满足工程教育的需要，各试点学校重新编写了所有课程的教学大纲。

3）研究给排水专业工程教育的人才培养模式改革，以强化工程实践能力与工程创新能力为核心，加强跨专业的复合型人才培养

在强化工程实践能力与工程创新能力方面，"卓越计划"强调校企联合培养，试点学校充分利用各学校的办学优势先后与多家本行业大型企业签署"卓越工程师培养计划"战略合作协议，有的试点学校与企业合作申报"国家级工程教育实践中心"。大力建设了以理工融合为基础，以学生实践能力、创新能力提高为核心，并与国际

化能力培养紧密结合的人才培养支撑平台，通过这一平台开展了校企联合授课、校企联合指导毕业设计、学生在企业实习等教学内容，在提高学生动手能力的同时，亦加深了学生对专业理论知识的深入理解，为复合型人才培养提供了重要保障。

4）研究建设高水平专、兼职教师队伍的耦合机制，发挥高校教师和企业具有丰富工程实践经验的技术、管理人员的优势互补作用

为了弥补高校师资队伍高学历、重科研、缺乏工程经验的问题，各试点学校分别研究建设高水平专、兼职教师队伍的机制。根据"卓越计划"人才培养的需要，从学校层面建立了有关企业兼职教师聘任的相关规定，聘任企业工程技术人员为"卓越工程师"培养兼职教师，参与到学生的培养过程中，有效地解决了目前师资队伍普遍存在的缺乏工程经验的问题。

各试点学校同时注重对青年教师工程实践能力的培养，聘请了有工程经验的老教师指导青年教师。安排青年教师去企业实践，鼓励青年教师积极报考注册工程师。所有青年教师工程实践能力的训练、培养都与其业绩、职称评定挂钩，使青年教师有积极性投入到自身工程能力的提高上。通过建立具有工程经验的高水平的专、兼职教师队伍，充分发挥了高校教师和企业具有丰富工程实践经验的技术、管理人员的优势互补作用。

5）研究了提升学生跨文化交流合作能力、参与国际竞争能力及能够适应企业"走出去"战略需要的工程型人才培养的有效途径

为提升学生跨文化交流合作能力及参与国际竞争能力，培养能够适应企业"走出去"战略需要的工程型人才，工程教育需要与国际接轨。有的试点学校与国外相关大学签署了国际化合作办学协议，中外双方互认课程体系，执行不同的培养模式及教学计划。哈尔滨工业大学与法国普瓦杰大学合作，采用3+2培养模式，前3年执行哈工大教学计划，由哈工大教师授课，后2年进入国际分校学习，执行普瓦杰大学的教学计划，由中法两国高端工程技术人员采用全英文授课，后2年的学生除来自哈工大外，还有来自欧美的国际学生。学生毕业后除获得哈工大毕业证外，还可以获得法国普瓦杰大学颁发的欧美承认的工程师证。同济大学依托联合国环境规划署—同济大学环境与可持续发展学院（IESD）项目，为学生提供了更多机会参加国际交流，培养了学生的国际视野和跨文化交流的能力，正在准备中法合作培养"卓越工程"人才的3+2项目。

6）参与研究制定给水排水工程专业"卓越工程师教育培养计划"的行业人才培养标准

首批参加给水排水工程专业"卓越计划"的试点学校哈尔滨工业大学、同济大学、

西安建筑科技大学、长安大学参加了"卓越工程师教育培养计划"行业培养标准的制定工作，依据国家"卓越工程师"通用标准的内容和要求，提出了给水排水工程专业（给排水科学与工程专业）工程型人才培养应达到的基本要求，在住房城乡建设部"卓越计划"专家组指导下，完成了"卓越工程师教育培养计划"给水排水工程专业（给排水科学与工程专业）本科培养标准的相关工作。

该项目于 2013 年 4 月在苏州通过了土建学科教学指导委员会组织的专家验收，验收专家组认为该成果对全国高校本专业开展"卓越计划"人才培养及其推广实施具有重要的参考价值和指导作用。

（3）项目主要成果

1）围绕"卓越计划"展开了多项教学改革。为实施"卓越工程师教育培养计划"，各试点学校给水排水工程专业均立足于学校定位和发展规划，采用"试点班"形式，在保证专业正常教学秩序的前提下，以"局部优化、循序渐进"为原则，积极开展以提升工程教育质量为目标的教学实践与改革，包括培养方案制定、教学大纲修订、特色课程建设等。

2）明确了在"卓越计划"人才培养中，学校、企业各自应承担的教学任务与内容。在加强学校理论教学效果的同时，积极吸纳企业在实践性教学环节所能提供的各种优质资源，包括师资力量和实践基地，以解决实际工程问题为突破口，强化人才工程素质和创新能力的培养，包括校企教师联合授课、联合指导毕业设计等。

3）加强了"卓越计划"人才能力培养的基地建设。建立了围绕"卓越计划"人才培养核心课程，打造校内实践教学基地；开展"合作共建产、学、研基地"，试点高校均建立了企业实习基地，为"卓越计划"学生提供课程设计、毕业设计及教学实习平台；同时还申报了省部级本科实践教学基地和国家级工程实践教育中心。

4）深化了"卓越工程师教育培养计划"人才国际化能力培养体系建设。以"卓越计划"的实施为契机，试点高校进一步加大了国际合作办学的力度，按照"卓越计划"人才培养的要求，积极推进与多所国外知名高校的联合培养体系建设，拓展了国际化办学的深度与广度，为培养国际化一流工程师奠定了坚实的基础。

5）指导委员会配合卓越计划专家组提出了给水排水工程专业（给排水科学与工程专业）"卓越工程师教育培养计划"行业培养标准，并已颁布实施。首批参加给水排水工程专业"卓越计划"试点学校哈尔滨工业大学、同济大学、西安建筑科技大学、长安大学参加了"卓越工程师教育培养计划"行业培养标准的制定工作。4 所学校依据国家"卓越计划"通用标准和行业标准的内容和要求，提出了本校的"卓越工程师教育培养计划"给水排水工程（给排水科学与工程）专业本科人才培养方案。

（4）项目成果的意义

本项目研究成果可在全国有条件的高等学校推广应用，对给排水科学与工程专业的不断发展、"卓越工程师教育培养计划"的进一步实施、创新型人才培养教学模式的探索等均具有十分重要的意义。

2.7 专业评估

对于全国土建类专业教育，建设部通过开展专业评估工作来加强监督指导。2003 年成立了"高等教育给水排水工程专业评估委员会"，对全国高校的给排水专业开展"专业评估"工作。评估委员会委员由来自行业和高校的专家组成。达到评估标准要求的学校可以提出申请，通过自评、专家审阅自评报告和进校视察等程序，由评估委员会会议做出评估结论。评估结论的有效期为 5 年。为保持评估结论的有效性，通过评估的学校每 5 年均应重新提交申请，接受复评。2012 年与专业更名相协调，评估委员会更名为"住房和城乡建设部高等教育给排水科学与工程专业评估委员会"。自 2004 年开始实施评估至 2015 年，全国有 33 所高校的给水排水工程（给排水科学与工程）专业通过了首次专业评估，其中 27 所高校的给水排水工程（给排水科学与工程）专业通过了第二次评估，6 所高校的给排水科学与工程专业通过了第三次评估。通过以评促建，进一步明确了专业教育定位和人才培养目标，提高了专业教学质量，促进了专业的发展。

近年来，教育部开展了工程教育专业认证工作。2015 年，住房城乡建设部决定将给排水科学与工程专业的专业评估调整为专业评估认证，相关工作正在进行中。

2.7.1 专业评估的目的

高等教育给排水科学与工程专业评估的目的是加强国家、行业对给排水科学与工程专业教育的宏观指导，保证和提高给排水科学与工程专业教育质量，使我国高等学校给排水科学与工程专业毕业生获得成为合格给排水工程师必需的基本训练，并达到国家规定的申请参加注册公用设备工程师考试的教育标准，为与其他相关国家相互承认专业教育评估结论及相应学历创造条件。专业评估的目的具体体现在以下几个方面：一是可以加强教育行政主管部门对教学质量的评价与监督；二是落实了行业对专业人才培养的指导作用（专业评估委员会成员中高校专家和行业专家各半）；

三是评估是执业注册工程师制度中的配套办法，通过专业评估院校的毕业生在报考执业注册工程师时给予一定优惠的条件；四是国际工程教育资格互认的必需条件。

2.7.2 专业评估委员会

为开展高等学校给排水科学与工程专业评估工作（以下简称专业评估），设立住房城乡建设部（原建设部）高等教育给排水科学与工程专业评估委员会（以下简称评估委员会）。

评估委员会是经住房城乡建设部授权，组织实施普通高等学校给排水科学与工程专业教育评估工作的专家机构，接受住房城乡建设部教育行政主管部门的指导和协调。

评估委员会的主要工作是客观地、科学地对给排水科学与工程专业的教学条件、教育过程和教育质量进行评估。通过评估，推动学校加强教学与办学条件建设，促进给排水科学与工程专业教育的发展，增强办学活力和动力，提高人才培养水平，满足行业对毕业生基本质量的要求，更好地贯彻教育必须为社会主义建设服务的基本方针。

第一届建设部高等教育给水排水工程专业评估委员会名单（2003～2007）（建人教函〔2003〕187号）

主 任 委 员：崔福义　哈尔滨工业大学　教授

副主任委员：沈裘昌　上海市市政设计研究院　教授级高级工程师

　　　　　　张晓健　清华大学　教授

委　　　员：（按姓氏笔画排序）

　　　　　　王兆才　中国兵器工业第五设计研究院　研究员

　　　　　　王冠军　中国人民解放军总后勤部设计研究院　高级工程师

　　　　　　王增长　太原理工大学　教授

　　　　　　邓志光　中国市政工程中南设计研究院　教授级高级工程师

　　　　　　龙腾锐　重庆大学　教授

　　　　　　周　琪　同济大学　教授

　　　　　　武红兵　中国核工业第二研究设计院　研究员

　　　　　　金善功　中国市政西北设计研究院　研究员

　　　　　　唐友尧　华中科技大学　教授

　　　　　　徐惠良　中国船舶工业第九设计院　研究员

　　　　　　崔长起　中国建筑东北设计研究院　教授级高级工程师

符培勇　广东省建筑设计研究院　高级工程师

黄　勇　苏州科技学院　教授

黄廷林　西安建筑科技大学　教授

曾雪华　北京建筑工程学院　教授

焦永达　北京市市政工程总公司　教授级高级工程师

第二届建设部高等教育给水排水工程专业评估委员会委员名单（2008～2012）（建人〔2008〕28号）

主任委员：崔福义　教授　哈尔滨工业大学

副主任委员：（共2人，按姓氏笔画排序）

张晓健　教授　清华大学

沈裘昌　教授级高工　上海市政工程设计研究总院

委　　员：（共18人，按姓氏笔画排序）

孔令勇　教授级高工　中国市政工程西北设计研究院

王冠军　高工　中国人民解放军总后勤部建筑设计研究院

邓志光　教授级高工　中国市政工程中南设计研究院

刘巍荣　教授级高工　中国兵器工业第五设计研究院

（五洲工程设计研究院）

吕　谋　教授　青岛理工大学

张　智　教授　重庆大学

张朝升　教授　广州大学

张雅君　教授　北京建筑工程学院

李成江　教授级高工　中国市政工程华北设计研究院

周　琪　教授　同济大学

武红兵　教授级高工　中国核工业第二研究设计院

郄燕秋　教授级高工　北京市市政工程设计研究总院

施　周　教授　湖南大学

赵　锂　教授级高工　中国建筑设计研究院

黄　勇　教授　苏州科技学院

黄廷林　教授　西安建筑科技大学

黄晓家　教授级高工　中国中元国际工程公司

秘书长　由建设部人事教育司有关同志担任

　　第三届住房和城乡建设部高等教育给排水科学与工程专业评估委员会组成人员名单（2013～2017）（建人〔2012〕196号）

主任委员：崔福义　教授　哈尔滨工业大学

副主任委员：（共2人，按姓氏笔画排序）

　　　　　　张晓健　教授　清华大学

　　　　　　赵　锂　教授级高工　中国建筑设计研究院

委　　　员：（共22人，按姓氏笔画排序）

　　　　　　于水利　教授　同济大学

　　　　　　王冠军　教授级高工　中国人民解放军总后勤部建筑工程规划设计研究院

　　　　　　邓志光　教授级高工　中国市政工程中南设计研究总院有限公司

　　　　　　任向东　研究员　中国航天建设集团有限公司

　　　　　　刘建华　教授级高工　天津市建筑设计院

　　　　　　刘巍荣　教授级高工　中国兵器工业第五设计研究院

　　　　　　张永丽　教授　四川大学

　　　　　　张　辰　教授级高工　上海市政工程设计研究总院（集团）有限公司

　　　　　　张国珍　教授　兰州交通大学

　　　　　　张学洪　教授　桂林理工大学

　　　　　　张　智　教授　重庆大学

　　　　　　张雅君　教授　北京建筑工程学院

　　　　　　李　艺　教授级高工　北京市市政工程设计研究总院

　　　　　　李　军　教授　浙江工业大学

　　　　　　李成江　教授级高工　中国市政工程华北设计研究总院

　　　　　　罗万申　教授级高工　中国市政工程西南设计研究总院

　　　　　　施　周　教授　湖南大学

　　　　　　唐燕萍　教授级高工　电力规划设计总院

　　　　　　黄　勇　教授　苏州科技学院

　　　　　　黄廷林　教授　西安建筑科技大学

　　　　　　黄晓家　教授级高工　中国中元国际工程公司

　　　　　　秘书长　由住房城乡建设部人事司担任

2.7.3　评估要求与程序

　　为使专业评估规范执行，专业评估委员会在 2003 年成立后，就制定了《建设部高等教育给水排水工程专业评估委员会章程（试行）》、《全国高等学校给水排水工程专业（本科）评估标准（试行）》、《全国高等学校给水排水工程专业（本科）评估程序与方法（试行）》、《视察小组工作指南（试行）》和《给水排水工程专业教学质量督察员工作指南（试行）》等 5 个专业评估文件（建人教〔2003〕191 号）。在经过 5 年专业评估之后，专业评估委员会于 2008 年对评估文件进行了修订和完善，形成了 2008 年版评估委员会章程、评估标准、评估程序与方法、视察小组工作指南和教学质量督察员工作指南，是至 2015 年仍在执行的评估文件。现正在进行新的评估文件修订，计划将于 2016 年颁布新版专业评估认证文件。

　　现行评估文件主要包括以下内容。

　　评估委员会章程共包括：总则、组织机构、职能与权限、工作制度和附则等五章共计十九条。

　　评估标准可分为：给水排水工程专业本科教育评估标准指标体系、指标体系说明和评估观测点的具体要求等三个部分。评估标准指标体系包括：教学条件、教育过程和教育质量等 3 个一级指标，其中教学条件包括师资队伍、教学资料、教学设施、实习条件、教学经费等 5 个二级指标，教育过程包括思想政治工作和教学管理与实施 2 个二级指标，教育质量包括德育标准、智育标准和体育标准等 3 个二级指标。

　　评估程序与方法包括：申请与受理、自评与审查、视察、申诉与复议、保持与督察等 5 个环节的具体要求，在其中明确了各个环节执行时间表。

　　视察小组工作指南：是指导视察小组工作、规范小组成员行为的文件，同时也是被评估学校准备评估工作、配合视察小组开展工作的参考。视察小组工作指南主要包括视察小组的组成、职责和守则，视察工作安排，视察报告等三部分，同时也建议了视察工作参考日程。

　　教学质量督察员工作指南：是指导教学质量督察员进行工作并规范其行为的文件，同时也供被督察学校改进工作和配合督察员开展工作时参考。

　　申请评估工作每年进行一次，申请学校应在当年 7 月 10 日前向评估委员会递交申请报告，同时提供申请报告的电子文档；9 月 1 日前评估委员会通知学校审核决定；通过审核的申请评估学校应在次年 1 月底前将自评报告提交到评估委员会（评估委员会办公室及各位委员），2～4月评估委员会在收到自评报告后组织各位委员进行审阅，并在三个月内对该报告做出整体评价，以鉴定自评报告满足《评估标准》的程度，并提出视察要求，确定视察小组人选和进校时间。

视察小组成员由评估委员会聘任，由4～6人组成，其中教育界和工程界的专家至少各2人，组长由评估委员会委员担任。具体时间由评估委员会、学校和视察小组协商确定。视察工作一般为4天。5月视察小组拟订视察计划，并于进校前一周通知学校。视察小组进校视察，撰写视察报告和评估结论建议呈交评估委员会，并将视察报告副本交学校。评估委员会召开全体会议，做出评估结论。评估委员会7月10日前将评估结论呈报住房城乡建设部教育主管部门，并通知学校。

2.7.4 通过专业评估的高等学校

评估委员会自2004年开始第一轮的评估工作，至2015年，历时12年，共计有33所高校通过了给水排水工程（给排水科学与工程）专业评估（表2.7-1）。

给水排水工程（给排水科学与工程）专业评估通过学校统计表

（截至2015年，按首次评估通过时间排序） 表2.7-1

序号	学校	首次评估通过时间	复评通过时间
1	哈尔滨工业大学	2004	2009，2014
2	清华大学	2004	2009，2014
3	同济大学	2004	2009，2014
4	重庆大学	2004	2009，2014
5	西安建筑科技大学	2005	2010，2015
6	北京建筑大学	2005	2010，2015
7	河海大学	2006	2011
8	华中科技大学	2006	2011
9	湖南大学	2006	2011
10	南京工业大学	2007	2012
11	兰州交通大学	2007	2012
12	广州大学	2007	2012
13	安徽建筑大学	2007	2012
14	沈阳建筑大学	2007	2012

续表

序号	学校	首次评估通过时间	复评通过时间
15	长安大学	2008	2013
16	桂林理工大学	2008	2013
17	武汉理工大学	2008	2013
18	扬州大学	2008	2013
19	山东建筑大学	2008	2013
20	武汉大学	2009	2014
21	苏州科技学院	2009	2014
22	吉林建筑大学	2009	2014
23	四川大学	2009	2014
24	青岛理工大学	2009	2014
25	天津城建大学	2009	2014
26	华东交通大学	2010	2015
27	浙江工业大学	2010	2015
28	昆明理工大学	2011	
29	济南大学	2012	
30	太原理工大学	2013	
31	合肥工业大学	2013	
32	南华大学	2014	
33	河北建筑工程学院	2015	

2.8   卓越工程师教育培养计划

2.8.1   实施"卓越工程师教育培养计划"的目的和意义

教育部于 2010 年 6 月启动了高校工科教育的"卓越工程师教育培养计划"。

"卓越工程师教育培养计划"是为贯彻落实党的"十七大"提出的走中国特色新型工业化道路、建设创新型国家、建设人力资源强国等战略部署，贯彻落实《国家中长期教育改革和发展规划纲要（2010—2020 年）》而提出的高等教育重大改革计划，也是促进我国由工程教育大国迈向工程教育强国的重大举措。

（1）指导思想

贯彻落实《国家中长期教育改革和发展规划纲要（2010—2020 年）》的精神，树立全面发展和多样化的人才观念，树立主动服务国家战略要求、主动服务行业企业需求的观念。改革和创新工程教育人才培养模式，创立高校与行业企业联合培养人才的新机制，着力提高学生服务国家和人民的社会责任感、勇于探索的创新精神和善于解决问题的实践能力。

（2）主要目标

面向工业界、面向世界、面向未来，培养造就一大批创新能力强、适应经济社会发展需要的高质量各类型工程技术人才，为建设创新型国家、实现工业化和现代化奠定坚实的人力资源优势，增强我国的核心竞争力和综合国力。促进工程教育改革和创新，全面提高我国工程教育人才培养质量，努力建设具有世界先进水平、中国特色社会主义现代高等工程教育体系，促进我国从工程教育大国走向工程教育强国。

（3）基本原则

遵循"行业指导、校企合作、分类实施、形式多样"的原则。联合有关部门和单位制定相关的配套支持政策，提出行业领域人才培养需求，指导高校和企业在本行业领域实施"卓越计划"。支持不同类型的高校参与"卓越计划"，高校在工程型人才培养类型上各有侧重，采取多种方式培养工程师后备人才。

（4）实施层次

"卓越计划"实施的层次包括工科的本科生、硕士研究生、博士研究生三个层次，培养现场工程师、设计开发工程师和研究型工程师等多种类型的工程师后备人才。

（5）重点任务

创立高校与行业企业联合培养人才的新机制。建立多部门实施卓越工程师教育培养计划的协调机制。建立行业指导、校企联合的卓越工程师教育培养计划实施机制。建立卓越工程师教育培养计划校企合作人才培养机制，共同制定培养目标、共同建设课程体系和教学内容、共同实施培养过程、共同评价培养质量。研究制定相关政策，探索建立中国特色社会主义市场经济条件下的高校学生实习制度。

创新工程教育的人才培养模式。遵循工程的集成与创新特征，大力推进工程教育的人才培养模式改革。学生的学习包括在校内学习和在企业学习两个阶段。在校内学习阶段，高校要以强化工程实践能力、工程设计能力与工程创新能力为核心，重构课程体系和教学内容，加强跨专业、跨学科的复合型人才培养，着力推动基于问题的学习、基于项目的学习、基于案例的学习等多种研究型学习方法，加强学生创新能力训练。在企业学习阶段主要是学习企业的先进技术和先进企业文化，深入开展工程实践活动，结合生产实际做毕业设计，参与企业技术创新和工程开发，培养学生的职业精神和职业道德。

建设高水平工程教育教师队伍。通过实施卓越工程师教育培养计划，建设一支具有一定工程经历的高水平专、兼职教师队伍。专职教师要具备工程实践经历，有计划地参与企业实际工程项目或研发项目，其中部分教师要具备一定年限的企业工作经历。兼职教师要从企业聘请具有丰富工程实践经验的工程技术人员担任。

扩大工程教育的对外开放。加强与国际工程教育界的交流合作。拓展学生的国际视野，提升学生跨文化交流、合作的能力和参与国际竞争的能力。培养能够适应企业"走出去"战略需要的工程型人才。扩大来华接受工程教育的留学生规模。

制定卓越工程师教育培养计划人才培养标准。为满足工业界对工程技术人员职业资格要求，遵循工程技术人才培养规律，制定本计划的人才培养标准。

2.8.2 给排水专业"卓越工程师教育培养计划"的实施

2.8.2.1 给排水专业"卓越工程师教育培养计划"专家组

给排水专业卓越工程师教育培养计划自 2010 年开始实施。根据教育部办公厅与住房城乡建设部办公厅关于成立"卓越工程师教育培养计划"工作组和专家组的通知（教高厅函〔2010〕52 号），给排水专业卓越工程师教育培养计划专家组组成如下：

组　　长：崔福义　哈尔滨工业大学

副组长：张晓健　清华大学

　　　　沈裘昌　上海市政工程设计研究总院

成　　员：邓慧萍　同济大学

　　　　张　智　重庆大学

　　　　陈　卫　河海大学

　　　　张雅君　北京建筑工程学院

　　　　张朝升　广州大学

　　　　施　周　湖南大学

　　　　黄　勇　苏州科技学院

　　　　黄廷林　西安建筑科技大学

　　　　刘巍荣　中国兵器工业第五设计研究院

　　　　孔令勇　中国市政工程西北设计研究院

　　　　赵　锂　中国建筑设计研究院

李成江　中国市政工程华北设计研究院

邓志光　中国市政工程中南设计研究院

2.8.2.2 给排水专业"卓越工程师教育培养计划"本科培养标准

给排水专业卓越工程师教育培养计划专家组经过多次讨论协商，形成了送审稿，于2011年向住房城乡建设部上报了"卓越工程师教育培养计划"给水排水工程专业本科培养标准。该标准主要包括总则、培养目标、培养规格、知识体系、培养模式与实践教学体系、基本教学条件和实现途径等7个方面。总则明确了该标准是各高校制定卓越计划培养标准与培养方案的宏观指导性标准。培养目标特别指出应培养"获得工程师基本训练，具有创新精神、持续学习能力、社会能力和国际视野的卓越工程技术人才"。

为了使学生获得更多的工程训练，该培养标准明确了校企联合培养基地是实施"卓越计划"校外培养的主要单位，对学生的校企联合培养需配备校内导师和企业导师，实行双导师制度。还明确了各校应有相对稳定的实习基地在5个以上，并有结构合理、相对稳定、水平较高的师资队伍，有学术造诣较高的学科带头人，并具有一定比例的有工程实践经历的专兼职教师。

该培养标准指出了人文素质、科学素质、工程素质的四个培养和实现途径，人文科学知识、自然科学知识、工具性知识、专业知识、社会发展和相关领域科学知识的获取途径，持续学习能力、开拓创新能力、科研及开发技能、国际视野和跨文化环境下的交流、合作与竞争等基本能力培养方式。

2.8.2.3 给排水专业"卓越工程师教育培养计划"试点高校

给排水专业卓越工程师教育培养计划自2010年开始实施，经教育部批准在2010年、2011年和2013年分三批在9所高校进行试点。9所试点高校是：哈尔滨工业大学、同济大学、西安建筑科技大学、长安大学（第一批）；重庆大学、安徽建筑大学、山东建筑大学（第二批）；北京建筑大学、华中科技大学（第三批）。

2.8.2.4 给排水专业"卓越工程师教育培养计划"的实施进展

2011年1月，住房城乡建设部将"围绕'卓越计划'，创新给水排水工程专业工程教育人才培养体系研究"列为教学改革重点项目，委托指导委员会承担此项研究工作。指导委员会与首批列入"卓越计划"试点的哈尔滨工业大学、同济大学、西安建筑科技大学、长安大学等学校，会同"卓越计划"给水排水工程专业专家组，以实施"卓越工程师教育培养计划"为核心，以4所试点学校为依托，以分散研究、会议研讨等多种形式相结合的方式开展研究工作。

2011 年 1 月，由住房城乡建设部人事司和教育部高等教育司主持，在西安召开了给水排水工程专业"卓越工程师教育培养计划"专家组第一次会议暨试点学校试点方案汇报会。哈尔滨工业大学、同济大学、西安建筑科技大学和长安大学等第一批试点学校，根据"围绕'卓越计划'，创新给水排水工程专业工程教育人才培养体系研究"项目研究内容的要求，制定了详细的研究计划并进行了交流。

2011 年 5 月，在长沙召开了专家组第二次工作会议，讨论了《"卓越工程师教育培养计划"给水排水工程专业本科培养标准》编写过程中遇到的一些问题及解决办法。

2011 年 8 月，在桂林召开的全国给水排水工程专业指导委员会扩大会议上和给水排水工程专业"卓越计划"专家组第三次会议上，对"卓越计划"本科培养标准征求意见稿做了进一步的修改完善，完成了本科培养标准的送审稿。

2013 年 4 月在苏州，住房城乡建设部教学改革项目"围绕'卓越计划'，创新给水排水工程专业工程教育人才培养体系研究"通过了土建学科教学指导委员会组织的专家验收，验收专家组认为该成果对全国高校本专业开展"卓越计划"人才培养及其推广实施具有重要的参考价值和指导作用。

2013 年 8 月，在兰州召开的指导委员会六届一次会议暨院长（系主任）扩大会议上，指导委员会副主任委员邓慧萍教授做了"给排水科学与工程专业卓越工程师培养计划"执行进展报告，详细说明了"卓越计划"的实施背景、指导思想、主要目标、总体思路、重点任务、保障措施、组织实施等，并进一步明确围绕"卓越计划"，推进创新给排水科学与工程专业工程教育人才培养体系研究工作是本届指导委员会的重要工作之一。

2014 年 7 月，在西安召开了给排水科学与工程专业实施"卓越工程师教育培养计划"经验交流研讨会。来自哈尔滨工业大学、同济大学、西安建筑科技大学、长安大学、安徽建筑大学、山东建筑大学、重庆大学、北京建筑大学和华中科技大学等 9 所"卓越计划"试点高校的代表分别介绍了各校"卓越计划"的实施情况，交流了实施"卓越计划"的经验，分析了实施"卓越计划"存在的问题，探讨了相应的解决办法。与会代表认为，做好"卓越计划"需关注以下主要问题：制定培养计划应充分考虑企业对人才的需求，培养方案制定过程中需有企业界专家的参与；需要通过梳理优化课程体系和教学内容压缩理论教学学时、学分，为加强实践环节创造条件；采取有效措施，保证学生一年以上的实践教学环节；通过多种途径进一步提高在职教师的工程实践能力，同时应加强企业兼职教师的队伍建设；保证有稳定的专项经费投入用于"卓越计划"的实施。

　　2015 年，在昆明召开的指导委员会六届三次会议暨院长（系主任）扩大会议上，哈尔滨工业大学时文歆教授和重庆大学翟俊教授分别做了各自学校实施"给排水科学与工程专业卓越工程师培养计划"的经验交流报告，报告从"卓越计划"的实施背景、实施内容、实施进展、制度保障措施、取得成果与体会、存在问题等方面做了详细的说明。

　　自 2011 年"卓越工程师教育培养计划"给排水科学与工程专业本科培养标准试行以来，各试点高校分别制定了培养方案，并根据各校实际情况择机实施。9 所试点高校首批实施年级及参与卓越工程师培养计划的学生筛选方案等信息统计见表 2.8-1。

　　如表所示，截至 2015 年 12 月，已有 8 所高校启动了卓越工程师培养计划，1 所高校正在计划中。已启动的高校中，4 所高校的给排水科学与工程专业全部学生都参与卓越工程师培养计划，4 所高校的给排水科学与工程专业的部分学生参与卓越工程师培养计划，并制定了与普通班学生不同的培养方案。

"卓越工程师教育培养计划"各试点高校实施情况统计表　　　　　　　　　表 2.8-1

序号	学校	实施批次	首次实施年级	至 2015 年 12 月毕业学生人数	至 2015 年 12 月参与学生人数	备注
1	哈尔滨工业大学	第一批	2009 级	187	446	全部学生参与
2	同济大学	第一批	2010 级	130	390	全部学生参与
3	西安建筑科技大学	第一批	2010 级	61	241	根据一年级成绩，筛选部分学生参与，拟计划根据成绩动态管理
4	长安大学	第一批	2012 级	0	116	部分学生参与，招生时直接确定
5	重庆大学	第二批	2009 级	64	185	部分学生参与，采用优胜劣汰选拔，并对学生进行逐年淘汰
6	安徽建筑大学	第二批	2011 级	30	190	全部学生参与
7	山东建筑大学	第二批	计划制定中			
8	华中科技大学	第三批	2015 级	0	25	部分学生参与，计划根据学习成绩与综合素质动态管理
9	北京建筑大学	第三批	2012 级	0	331	全部学生参与

2.8.3　实施成效

9 所试点高校中有 8 所已陆续实施了卓越工程师教育培养计划（另外 1 所正在启动之中）。截止到 2015 年 12 月，已按照"卓越计划"本科培养标准培养学生 1924 名，其中已毕业 472 名。学校在人才培养方案制定、实践教学基地建设、校内课程教学环节、学生企业实习实践、人才培养评价环节等方面都实现了校企结合。学校将企业岗位从业标准和建设行业执业注册制度双双融入人才培养全过程。企业选派专家全程参与人才培养方案制定，实现人才培养的校企共育。学校与企业对工程实践基地实行共建共管，同时在企业内部为学生实践设立研究室和实验室，并配备理论水平高、工程经验丰富的工程技术人员现场授课。部分高校在校内采用校企共同开发的形式，开发出以企业文化为龙头、以就业热身为主线的"专业实习"课程；在校外，企业依托实践基地以"师傅带徒弟"的形式接收学生实习。同时，各高校建立了质量标准和评价办法，对卓越工程师的培养过程进行校企共同监控，实现人才培养质量上的共同评价。

进入卓越计划的学生在校外导师和校内导师的双重指导下，既获得了理论知识的学习，也得到校外导师实际工程经验的传授，使学生的工程实践能力、团结协作能力等得到加强，毕业的学生在就业市场受到用人单位的好评，收获颇丰。具体实施成效如下：

（1）人才培养机制改革。"卓越计划"的宗旨是校企联合培养，从培养目标的定位、课程体系的建设等开始，聘请企业界专家全面参与到人才培养的各项工作中，校企共同制定专业培养目标、培养方案、课程体系和实践环节的教学大纲，形成人才培养的新机制。部分高校毕业设计采用校企双导师制，毕业答辩中要求校企双导师共同对学生设计完成质量进行评价。

（2）建立了给排水科学与工程专业"卓越工程师教育培养计划"本科培养标准，部分学校制定了卓越工程师培养方案，累计实践环节超过一年。

（3）提出和实施了"强化专职教师，选聘兼职教师，专兼职教师共为"的教师队伍建设模式。注重了对青年教师工程实践能力的培养，聘请了有工程经验的老教师指导青年教师。安排青年教师去企业实践，鼓励青年教师积极报考注册工程师。所有青年教师工程实践能力的训练、培养都与其业绩、职称评定挂钩，使青年教师有积极性投入到自身工程能力的提高上。通过建立具有工程经验的高水平的专、兼职教师队伍，充分发挥了高校教师和企业具有丰富工程实践经验的技术、管理人员的优势互补作用。哈尔滨工业大学、同济大学、西安建筑科技大学等都邀请企业教师参与课堂教学和实践教学指导。校企联合专业课授课实施效果较好，案例教学使学生受益较大，同时也促进了校内师资队伍建设。

（4）研究校企合作模式，使学生学习企业的先进技术、先进设备和先进企业文化，增强大学毕业生对企业的适应能力。加强校外实践基地建设，调动企业积极性，建立产学研基地，为企业输送优秀人才，让企业优先选录参与校企联合培养的学生。各校已经与近百家单位签署"卓越工程师教育培养计划"战略合作协议，其中有珠海水务集团公司、中国新兴建设开发总公司等获批国家级大学生校外实践教育基地。

（5）工程教育与国际接轨，利用学科资源优势与国外高校合作，尝试国际合作办学，尝试工程教育领域国际化途径。哈尔滨工业大学已经与国外多所高校尝试短期访问、联合培养的国际合作办学模式，并尝试通过3+2的培养模式（比如哈工大3年＋法国硕士2年），学生毕业后除获得哈工大硕士毕业证外，还可以获得国外高校颁发的欧美承认的工程师证。同济大学通过双学位项目、学分互认、短期实习和夏令营项目等方式实现给排水科学与工程专业卓越工程人才培养的国际化，2010年起至今，每年3～5名给排水专业学生参加中法工程师项目；至美国波特兰大学、法国多芬大学、香港理工大学、新加坡国立大学、美国普渡大学、台湾逢甲大学、德国斯图加特大学进行交流学习；参加中韩绿色之路夏令营等。

2.9 学科建设

2.9.1 国家重点学科

国家重点学科是国家根据发展战略与重大需求，择优确定并重点建设的培养创新人才、开展科学研究的重要基地，在高等教育学科体系中居于骨干和引领地位，满足经济建设和社会发展对高层次创新人才的需求，为建设创新型国家提供高层次人才和智力支撑，充分体现全国各高校科学研究和人才培养的实力和水平。我国共组织了三次国家重点学科的评审工作（1988年、2002年和2007年）。其中第一次和第二次按照二级学科进行评审，第三次按照一级学科进行评审。2014年，根据国务院《关于取消和下放一批行政审批项目的决定》（国发〔2014〕5号），教育部的国家重点学科审批工作被取消。

我国与给排水科学与工程本科专业对应的二级学科为市政工程（隶属于土木工程一级学科）。在1988～2007年的三次国家重点学科评估中，全国高校中与给排水科学与工程本科专业相关的国家重点学科的情况如下：

1988年，哈尔滨建筑工程学院市政工程学科被评为国家重点学科。2002年，哈尔滨工业大学市政工程学科再次被评为国家重点学科。2007年，哈尔滨工业大学土木工程一级学科被评为国家重点学科（一级国家重点学科所覆盖的二级学科均为国家重点学科，以下同）。

1988年，清华大学环境工程学科被评为国家重点学科，并于2002年和2007年蝉联重点学科（注：1977年起清华大学本科招生时按环境工程专业统一招生，学生入学后执行学分制培养计划，并在高年级设置环境工程专业和给排水专业的分组选修课，由学生自行选择本科专业，并与后续研究生分类培养接轨）。2007年，同济大学、湖南大学和浙江大学三所高校的土木工程一级学科被评为国家重点学科。

2.9.2　硕士点和博士点

1935年4月，当时的中国政府仿效英美体制颁布了"学位授予法"，对学位授予的级别、学位获得者的资格和学位评定的办法等做了规定，这是中国现代学位制度的开端。但由于旧中国教育落后，这项制度最终没有得到认真施行，到1949年新中国成立前，仅有232人获得硕士学位。新中国成立后，政府十分重视研究生教育，1950年即招收研究生。1950～1965年共招收研究生22700多人。从1966年后，由于"文革"，中国研究生教育中断了12年之久。1978年中国实行改革开放政策以后，立即恢复了招收培养研究生制度。1980年2月12日，中华人民共和国第五届全国人民代表大会常务委员会第十三次会议审议通过了《中华人民共和国学位条例》，并于1981年1月1日起施行。1981年5月20日，国务院批准了《中华人民共和国学位条例暂行实施办法》，制定了学士、硕士、博士三级学位的学术标准，新中国学位制度从此建立。

（1）"文革"前，全国给水排水工程专业招收研究生情况

1951～1966年，全国高校中有哈尔滨工业大学、清华大学、同济大学、天津大学、湖南大学等招收给水排水工程专业研究生。

早期是由苏联专家帮助培养研究生。

1953年起，哈尔滨工业大学连续开办2期给水排水专业研究生班，学制2年，由苏联专家授课。第一期1953～1955年，研究生7名：马中汉、姚雨霖、林荣忱、沈承龙、李圭白、王宝贞、邵元中；第二期1954～1956年，研究生4名：孙慧修、王训俭、廖文贵、陈霖庆。

1957年，苏联专家阿·马·莫尔加索夫（A.M.Морлясоb）、阿甫切卡列夫等受同济大学邀请来华讲学，期间与同济大学杨钦教授等共同作为导师，培养副博士4

人：李圭白、高廷耀、严煦世、陈霖庆（受中苏关系影响，未授学位）。

我国给水排水专业由中国师资培养研究生的情况如下。

高校首批招收研究生情况：1953 年，清华大学招收 1 名研究生，"文革"前共招收研究生 14 人。1960 年，哈尔滨建筑工程学院招收 1 名研究生，同济大学招收 5 名研究生，天津大学招收 4 名研究生；1962 年，湖南大学招收 2 名研究生。

"文革"前，部分高校毕业的由中国师资培养的给水排水专业研究生情况详见表 2.9-1。

"文革"前毕业的由中国师资培养的给水排水专业研究生 　　　表 2.9-1

姓名	学校名称	入学时间	毕业时间	导师
陈志义	清华大学	1953	1956	陶葆楷
钱易	清华大学	1957	1959	陶葆楷
刘希曾	清华大学	1961	1965	顾夏声
龙腾锐	清华大学	1962	1965	许保玖
葛惠珍	清华大学	1962	1965	王继明
张坤民	清华大学	1962	1965	李国鼎
张芳西	哈尔滨建筑工程学院	1960	1963	张自杰、马忠汉
邓荣森	哈尔滨建筑工程学院	1961	1964	张自杰
张俊贞	天津大学	1960	1964	张湘琳
介雯	天津大学	1960	1964	张湘琳、林荣忱
王绍文	天津大学	1960	1964	张湘琳、林荣忱
李一学	天津大学	1960	1964	张湘琳
邱镕处	同济大学	1960	1963	杨钦
陈对成	同济大学	1960	1963	杨钦、严煦世
黄仲杰	同济大学	1960	1963	杨钦、严煦世
周庚武	同济大学	1960	1963	胡家骏
林培元	同济大学	1960	1963	胡家骏
高廷耀	同济大学	1962	1965	胡家骏
吴自迈	湖南大学	1962	1965	朱皆平
杨联京	湖南大学	1962	1965	朱皆平

（2）"文革"后研究生培养

"文革"后，从 1978 年起部分高校恢复招收给水排水工程专业研究生。1978 年各校招收研究生情况如下。哈尔滨建筑工程学院：彭永臻（导师张自杰）；王大志、徐国勋、田金质（导师王宝贞）；王志石（导师李圭白）。同济大学：俞国平、刘遂庆（导

师杨钦); 金兆丰、吴一繁、张永果 (导师严煦世)。重庆建筑工程学院: 蔡增基、刘康宁、黄渝民 (导师周谟仁)。

（3）全国市政工程硕士点和博士点建设

根据我国研究生教育学科目录，给排水专业的研究生教育隶属于一级学科土木工程下设的市政工程二级学科。1981 年国家学位条例开始实行，各校陆续开始了市政工程硕士、博士学位研究生的招收培养。截止到 2015 年，全国高校市政工程硕士和博士 (含土木工程一级学科博士点) 学位授予单位情况见 5 各高校给排水专业 (市政工程学科) 建设情况汇总表 (不完全统计)。

2.9.3 博士后流动站

1985 年 7 月，国务院正式下发博士后科研流动站的文件 (国发〔1985〕88 号)，该文件构筑了我国博士后制度的基本框架，标志着博士后制度在我国的正式确立。申请设立博士后科研流动站的高等院校和科研院所需按学科目录中的一级学科申报。市政工程学科对应的一级学科为土木工程。目前，设置土木工程 (市政工程) 博士后流动站的学校有 28 所: 哈尔滨工业大学、清华大学、同济大学、重庆大学、湖南大学、合肥工业大学、西南交通大学、西安建筑科技大学、武汉大学、天津大学、兰州交通大学、长安大学、北京工业大学、浙江大学、武汉理工大学、沈阳建筑大学、广西大学、东南大学、山东大学、兰州理工大学、广州大学、北京交通大学、四川大学、河海大学、大连理工大学、华中科技大学、福州大学、安徽理工大学。

2.9.4 国家科技奖

据统计，给排水专业教师获得的国家级科研奖项有: 国家技术发明奖 4 项，国家科技进步奖 13 项，分别见表 2.9-2 和表 2.9-3。

给排水专业教师获得国家技术发明奖情况   表 2.9-2

专业教师	获奖等级	获奖人排序	获奖项目	完成单位	获奖年份
李圭白	二等奖	主要参加人	水上一体化水厂研究	哈尔滨建筑工程学院等	1984
李圭白	三等奖	第 1 完成人	高浊度水透光脉动单因子絮凝自动控制技术	哈尔滨建筑大学等	1996
马军	二等奖	第 1 完成人	高锰酸盐复合剂除污染技术	哈尔滨工业大学等	2002
马军	二等奖	第 1 完成人	臭氧催化氧化除污染技术	哈尔滨工业大学等	2005

给排水专业教师获得国家科技进步奖情况　　表 2.9-3

专业教师	获奖等级	获奖人排序	获奖项目	完成单位	获奖年份
官举德	三等奖	第1完成人	野战供水净化车	解放军后勤工程学院	1984
李圭白	二等奖	第1完成人	地下水接触氧化除锰工艺	哈尔滨建筑工程学院等	1985
姚雨霖	三等奖	第1完成人	人工轻质新型陶粒滤料过滤技术的研究	重庆建筑工程学院等	1985
龙腾锐	三等奖	第5完成人	高浓度有机废水的厌氧生物处理技术	重庆建筑工程学院等	1993
李圭白	三等奖	第1完成人	高锰酸钾助凝与取代预氯化减少氯仿生成量	哈尔滨建筑大学等	1995
孙慧修	三等奖	第1完成人	常温厌氧与一体化氧化沟处理城市污水技术	重庆建筑大学等	1998
韩洪军	二等奖	第2完成人	高浓度有机工业废水生物处理技术研究与示范工程	哈尔滨工业大学等	2004
高廷耀	二等奖	第1完成人	大型原水生物预处理工程工艺研究及应用	同济大学	2004
方振东	一等奖	第1完成人	珊瑚岛礁淡水资源的开发与应用研究	解放军后勤工程学院	2005
张杰 袁一星	二等奖	第1完成人 第9完成人	生物固锰除锰机理与工程技术	哈尔滨工业大学等	2005
李冬 韩洪军	二等奖	第4完成人 第6完成人	SBR法污水处理工艺与设备及实时控制技术	北京工业大学；哈尔滨工业大学等	2009
韩洪军	二等奖	第5完成人	低 C/N 比污水连续流脱氮除磷工艺与过程控制技术	哈尔滨工业大学等	2012
王晓昌 袁宏林	二等奖	第1完成人 第8完成人	水与废水强化处理的造粒混凝技术研发及其在西北缺水地区的应用	西安建筑科技大学等	2014

2.9.5 全国优秀博士学位论文

　　"全国优秀博士学位论文"评选是在教育部和国务院学位委员会的直接领导下，由教育部学位管理与研究生教育司组织开展的一项工作，旨在加强高层次创造性人才的培养工作，鼓励创新精神，提高我国研究生教育特别是博士生教育的质量。全国优秀博士学位论文评选自 1999 年开始，每年进行一次，每次评选出的全国优秀博士学位论文不超过100篇；2003年开始设立提名奖。根据《全国优秀博士学位论文评选办法》，全国优秀博士学位论文入选名单经过推荐、初选和复评后产生。

据统计，截止到目前（2013年以后教育部未再进行该项评选活动），市政工程学科共获得全国优秀博士学位论文5项，提名7项，具体情况见表2.9-4。

市政工程学科入选全国优秀博士学位论文及获得提名情况表　　　　表2.9-4

时间	作者姓名	指导教师	论文题目	学位授予单位
全国优秀博士学位论文				
2001	刘文君	王占生	饮用水中可生物降解有机物和消毒副产物特性研究	清华大学
2005	高大文	彭永臻	SBR法短程硝化反硝化及其实时控制的基础研究	哈尔滨工业大学
2006	王亚宜	彭永臻	反硝化除磷脱氮机理及工艺研究	哈尔滨工业大学
2007	隋铭皓	马军	MnOx/GAC多相催化臭氧氧化降解水中高稳定性有机污染物效能与机理	哈尔滨工业大学
2009	江进	马军	高价态锰、铁氧化降解水中典型有机物的特性与机理研究	哈尔滨工业大学
全国优秀博士学位论文提名奖				
2005	杨宏伟	蒋展鹏	有机物厌氧生物降解性及其与定量结构关系的研究	清华大学
2008	马勇	彭永臻	A/O生物脱氮工艺在线过程控制的基础研究	哈尔滨工业大学
2009	张涛	马军	羟基氧化铁催化臭氧氧化水中有机物研究	哈尔滨工业大学
2010	赵雷	马军	超声强化臭氧/蜂窝陶瓷催化氧化去除水中有机物的研究	哈尔滨工业大学
2011	田家宇	李圭白	浸没式膜生物反应器组合工艺净化受污染水源水的研究	哈尔滨工业大学
2013	郭建华	彭永臻	基于种群优化的低氧节能活性污泥微膨胀研究	哈尔滨工业大学
2013	楚文海	高乃云	饮用水氯化含氮消毒副产物卤乙酰胺生成机制研究	同济大学

2.9.6　中国水业人物

"中国水业人物"评选活动是由中国土木工程学会水工业分会、高等学校给排水科学与工程学科专业指导委员会、中国建筑学会建筑给水排水研究分会和全国给水排水技术信息网主办，《给水排水》杂志社承办的年度活动。"中国水业人物"按照科学、严谨、公正、公平、公开的评选原则，旨在表彰为我国给水排水行业做出杰出贡献的各界人士，鼓励先进、促进发展。奖项分教学与科研贡献奖、工程与技术贡献奖、管理与产业贡献奖（2011 年、2012 年度名称为运营与管理贡献奖）及终身成就奖四类，其中终身成就奖每次授予 1 人。获奖名单公布在《给水排水》杂志及其官方网站、微信平台上。该评选从 2011 年度开始，每年一次，评选上一年度的水业人物。至 2015 年，已有 45 人获奖。获得"中国水业人物"奖项的名单如表 2.9-5 所示，其中，来自于高等学校给排水科学与工程专业教师或给排水专业各相关组织（给排水科学与工程学科专业指导委员会委员、给排水科学与工程专业评估委员会委员、给水排水工程专业卓越计划专家组成员）的成员占有相当比重。

中国水业人物获奖名单　　　　　　　　　　　　　　　表 2.9-5

奖项	获奖人员	单位
2011 年度		
教学与科研贡献奖	崔福义 *	哈尔滨工业大学
	高乃云 *	同济大学
	彭永臻 *	北京工业大学
	王洪臣	中国人民大学
	张晓健 *	清华大学
工程与技术贡献奖	王如华	上海市政工程设计研究总院（集团）有限公司
	徐凤	上海建筑设计研究院有限公司
	张韵	北京市政工程设计研究总院
	赵锂 *	中国建筑设计研究院（集团）建筑设计总院
	赵力军	广州市设计院
运营与管理贡献奖	陈良刚	海南立昇净水科技实业有限公司
	崔君乐	北京市自来水集团
	潘文堂	北京首都创业集团有限公司
	于剑	深圳市水务（集团）有限公司
	张国祥	沈阳水务集团有限公司
2012 年度		
教学与科研贡献奖	李伟光 *	哈尔滨工业大学
	刘文君 *	清华大学
	张智 *	重庆大学
工程与技术贡献奖	归谈纯	同济大学建筑设计研究院（集团）有限公司
	李艺 *	北京市政工程设计研究总院
	郑兴灿 *	中国市政工程华北设计院总院
运营与管理贡献奖	戴婕	上海浦东威立雅自来水公司
	顾玉亮	上海城市水资源开发利用国家工程中心有限公司
	何文杰	天津市自来水集团有限公司

续表

奖项	获奖人员	单位
终身成就奖	许保玖 *	清华大学
2013 年度		
教学与科研贡献奖	邓慧萍 * 王凯军 张学洪 *	同济大学 清华大学 桂林理工大学
工程与技术贡献奖	邓志光 * 郭汝艳 王育	中国市政工程中南设计研究院 中国建筑设计研究院 上海市政工程设计研究总院（集团）有限公司
管理与产业贡献奖	李建勇 马立 叶建宏	上海市城市排水有限公司 哈尔滨排水集团有限责任公司 四川绵阳市水务（集团）有限公司
终身成就奖	张自杰 *	哈尔滨工业大学
2014 年度		
教学与科研贡献奖	陈卫 * 戴晓虎 张雅君 *	河海大学 同济大学 北京建筑大学
工程与技术贡献奖	黄晓家 * 李成江 * 罗万申 *	中国中元国际工程有限公司 中国市政工程华北设计研究总院有限公司 中国市政工程西南设计研究总院
管理与产业贡献奖	林文波 朴庸健 王贤兵	天津创业环保集团股份有限公司 龙江环保集团股份有限公司 武汉市水务集团有限公司
终身成就奖	胡家骏 *	同济大学

注：* 为高等学校给排水专业教师或（现任或曾任）给排水学科专业指导委员会委员、给排水专业评估委员会委员、给排水专业卓越计划专家组成员。

2.9.7 "李圭白专项基金"市政工程学科优秀博士论文奖

"李圭白专项基金"是由上海市自然与健康基金会出资设立，以李圭白院士名字命名，旨在促进我国市政工程学科工学博士研究生创新能力的培养与提高。该奖授予市政工程学科博士。每两年评选一次，每次评选出不超过 10 部优秀博士学位论文。由专项基金委员会聘请教授（博导）组成评选组，通过无记名投票评出优秀工学博士论文。截至 2015 年，已评选出获奖市政工程优秀博士论文 30 篇。获奖名单见表2.9-6。

"李圭白专项基金"市政工程学科优秀博士论文获奖名单 　　　表2.9-6

获奖人	导师	论文题目	学校	获奖时间
于德浩	邓正栋	基于卫星遥感平台的水源侦查技术研究	解放军理工大学	2011年
王磊	周玉文	基于模型的城市排水管网积水灾害评价与防治研究	北京工业大学	2011年
王磊磊	陈卫	活性炭净水工艺出水中颗粒物及炭菌控制机理	河海大学	2011年
李军	陶涛	交替式活性污泥反应器处理市政废水试验研究	华中科技大学	2011年
李哲	郭劲松	三峡水库运行初期小江回水区藻类生态变化与群落演替特征研究	重庆大学	2011年
刘强	王晓昌	复合式膜生物反应器的EPS分布特性及膜污染控制原理	西安建筑科技大学	2011年
杨磊	陈忠林	水中亚硝胺类消毒副产物生成规律及其前质去除方法研究	哈尔滨工业大学	2011年
袁峥	姜应和	矿冶废渣在水污染治理中应用的试验研究	武汉理工大学	2011年
楚文海	高乃云	饮用水氯化含氮消毒副产物卤乙酰胺生成机制研究	同济大学	2011年
魏燕杰	季民	SBR处理垃圾渗滤液的污泥颗粒化和稳定性及生物多样性研究	天津大学	2011年
王成坤	张晓健	饮用水中亚硝胺消毒副产物的分布、生成与控制技术研究	清华大学	2012年
许文来	张建强	人工快速渗滤系统污染物去除机理及动力学研究	西南交通大学	2012年
朱宁伟	陈卫	MBR强化A^2/O脱氮除磷机理及工艺优化研究	河海大学	2012年
李伟	段晋明	饮用水中微污染物质的快速检测及藻毒素降解动力学研究	西安建筑科技大学	2012年
张军伟	傅大放	$TiO_2/Fe^{3}+$光催化降解磺胺类药物的效能及机理研究	东南大学	2012年
陈瑜	李军	磁性活性污泥法短程脱氮工艺特性与控制研究	北京工业大学	2012年
吴慧英	施周	微波辐射联用活性炭强化有毒物质去除及再生活性炭研究	湖南大学	2012年
范功端	张智	水体中微囊藻的超声波控制技术研究	重庆大学	2012年
欧华瑟	高乃云	藻类灭活及其相关有机物的降解机理与控制研究	同济大学	2012年

获奖人	导师	论文题目	学校	获奖时间
贺维鹏	南军	絮体分形成长与流场协同作用机制及数值模拟研究	哈尔滨工业大学	2012 年
马晓妍	王晓昌	环境水样的青海弧菌生物毒性检测及毒性成因研究	西安建筑科技大学	2014 年
邓靖	高乃云	硫酸自由基和碳纳米管去除水中典型药物的性能及机理研究	同济大学	2014 年
左晓俊	傅大放	重交通区路面径流重金属迁移变化特性及其污染控制	东南大学	2014 年
田文德	李伟光	BBSNP 工艺性能及反硝化聚磷菌除磷特性研究	哈尔滨工业大学	2014 年
李江	何强	城市污水厂污泥浓缩消化一体化处理生产性试验研究	重庆大学	2014 年
李泽兵	李军	多基质环境自养—异养耦合脱氮工艺研究	北京工业大学	2014 年
郭帅	张土乔	城市排水系统地下水入渗及土壤侵蚀问题研究	浙江大学	2014 年
唐智	方正	喷头水颗粒作用下火灾烟气层沉降研究	武汉大学	2014 年
廖晓斌	张晓健	某湖泊水中亚硝胺类消毒副产物前提物及其去除特性研究	清华大学	2014 年
蔚静雯	陶涛	剩余污泥温度分级—生物分相厌氧消化系统研究	华中科技大学	2014 年

2.9.8 博导论坛和博士论坛

2010 年 7 月 30 日～8 月 2 日在上海举行的五届一次指导委员会会议上，住房城乡建设部要求指导委员会还要开展面向研究生培养的教学指导，同时希望指导委员会要根据工作职责的新变化，以提高本科生、研究生的培养质量为核心，深入研究专业、学科的发展建设问题，发扬优良传统，统筹兼顾，开展好各类相关工作。

按照住房城乡建设部的要求，第五届指导委员会遵循"研究、咨询、指导、服务"的八字方针，为培养适应社会需求的创新型人才，根据学科建设的需要，决定开展市政工程学科博导论坛及博士论坛工作，旨在加强对研究生教育的指导工作，不断提高研究生的培养质量。博导论坛与博士论坛均每两年召开一次，博导论坛、博士论坛分别举行。在举办博士论坛的同时，进行"李圭白专项基金"市政工程学科优秀博士论文的颁奖活动。

2.9.8.1 博导论坛

（1）首届博导论坛

首届市政工程学科博导论坛于 2011 年 3 月 31 日～4 月 3 日在海南省三亚市举行，由海南立昇净水科技实业有限公司负责承办。来自全国 10 余所高校市政工程学科的 40 余名博士研究生导师及相关人员参加了首届市政学科博导论坛。在论坛上指导委员会主任委员崔福义教授就市政工程学科的发展情况做了主题报告。同济大学邓慧萍教授就"同济大学市政工程博士研究生培养模式简介与思考"、重庆大学张智教授就"市政工程博士培养模式与改革"做了主题报告。与会博导广泛交流了博士研究生的培养经验。

（2）第二届博导论坛

第二届全国市政工程学科博导论坛于 2013 年 4 月 19～22 日在江苏省苏州市举行，由海南立昇净水科技实业有限公司负责承办。来自全国 10 余所高校市政工程学科的 40 余名博士研究生导师及相关人员参加了第二届市政学科博导论坛。在论坛上清华大学张晓健教授就"博士生教育与博士生导师"、天津大学顾平教授就"博士研究生培养质量过程控制"做了主题报告。与会博导围绕如何提高博士研究生的培养质量进行了广泛交流。

（3）第三届博导论坛

第三届全国市政工程学科博导论坛于 2015 年 4 月 24～26 日在江西省上饶市举行，此次博导论坛由华东交通大学负责承办。来自全国近 20 所高校市政工程学科的 50 余名博士研究生导师及相关人员参加了第三届市政学科博导论坛。在论坛上，同济大学高乃云教授介绍了博士研究生的培养经验；哈尔滨工业大学李伟光教授做了"博士研究生国际化培养"的主题报告；哈尔滨工业大学马军教授做了"浅谈博士研究生培养研究"的主题报告。与会博导围绕主题报告的相关内容进行了广泛讨论与经验交流。

2.9.8.2 博士论坛

（1）首届博士论坛

首届全国市政工程学科博士论坛于 2012 年 8 月 6～7 日在同济大学举行，首届博士论坛由同济大学承办、美国哈希公司赞助协办。首届博士论坛吸引了来自哈尔滨工业大学、清华大学、同济大学、重庆大学、天津大学等高校的 57 名博士生参加。在博士论坛开幕式上，指导委员会主任委员崔福义教授就专业指导委员会的发展、博士论坛的背景和意义做了主题报告，希望全国市政工程博士论坛能成为学术交流、师生互动、校企合作培养博士研究生的平台。哈尔滨工业大学李圭白院士就博士生如何更好地进行论文选题做了报告；同济大学戴晓虎教授就城市污水厂污泥处理与处置的现状及技术前沿、重庆大学张智教授就超声波除藻工艺为博士生做了主题报告。

博士论坛倡导"学生主导，专家参与"的开放模式，论坛共征集论文57篇，首届博士论坛邀请了崔福义、邓慧萍、于水利、李伟光、张智、时文歉及刁慧芳等7位专家对会议报告论文进行点评，使参与者在互动交流中受到启发。论坛还通过汇报、交流和专家评审等环节评选出了优秀论文。论坛闭幕式上举行了隆重的颁奖仪式。

首届博士论坛优秀论文获奖名单详见表2.9-7。

首届博士论坛优秀论文获奖名单   表2.9-7

序号	博士生姓名	指导教师	学校	获奖等级
1	李家杰	何强	重庆大学	一等奖
2	张雷	李伟光	哈尔滨工业大学	一等奖
3	杨一琼	俞国平	同济大学	一等奖
4	杨晓楠	崔福义	哈尔滨工业大学	二等奖
5	张静	关小红	哈尔滨工业大学	二等奖
6	王敏	张智	重庆大学	二等奖
7	范小江	张锡辉	清华大学	二等奖
8	曾涛涛	张杰	哈尔滨工业大学	二等奖
9	金丽梅	于水利	哈尔滨工业大学	二等奖
10	鲁晶	崔福义	哈尔滨工业大学	二等奖
11	公绪金	李伟光	哈尔滨工业大学	二等奖
12	苏桐	邓慧萍	同济大学	二等奖
13	刘杰	崔福义	哈尔滨工业大学	二等奖
14	瞿芳术	李圭白	哈尔滨工业大学	二等奖
15	赵纯	邓慧萍	同济大学	二等奖
16	相坤	张杰	北京工业大学	二等奖
17	卢海凤	张光明	哈尔滨工业大学	三等奖

序号	博士生姓名	指导教师	学校	获奖等级
18	黄伟伟	董秉直	同济大学	三等奖
19	韩梅	崔福义	哈尔滨工业大学	三等奖
20	柳君侠	董秉直	同济大学	三等奖
21	宿程远	李伟光	哈尔滨工业大学	三等奖
22	曹昕	黄廷林	西安建筑科技大学	三等奖
23	周广宇	赵新华	天津大学	三等奖
24	赵子龙	傅大放	东南大学	三等奖
25	朱琦	崔福义	哈尔滨工业大学	三等奖
26	周明真	黄廷林	西安建筑科技大学	三等奖
27	游凡超	于水利	同济大学	三等奖
28	张冰	于水利	哈尔滨工业大学	三等奖
29	万俊力	邓慧萍	同济大学	三等奖
30	李云蓓	李伟光	哈尔滨工业大学	三等奖
31	谈超群	高乃云	同济大学	三等奖
32	蔡健明	操家顺	河海大学	三等奖
33	杨浩	张国珍	兰州交通大学	三等奖
34	刘永旺	李星	北京工业大学	三等奖

（2）第二届博士论坛

第二届全国市政工程学科博士论坛于 2014 年 4 月 18～21 日在东南大学举行，本届博士论坛冠名为"龙江环保杯"，由东南大学承办、龙江环保集团股份有限公司赞助协办。论坛吸引了来自哈尔滨工业大学、清华大学、同济大学、重庆大学、天津大学等 10 余所高校的 56 名博士生参加。李圭白院士做了"在城市饮水净化中采用绿色工艺"的主题报告、住房城乡建设部城市建设司张悦巡视员结合我国水行业的发展现状就"生态文明建设"做了主题报告、龙江环保集团朴庸健总裁就"人才的职业发展与企业人才需求"做了报告。

第二届博士论坛依然倡导"学生主导，专家参与"的开放模式，论坛论文集收集了 56 篇论文。论坛邀请了崔福义、邓慧萍、傅大放、赵锂、张晓健、李伟光、张土乔、张智、李星、时文歆等10位专家对会议报告论文进行点评并与博士生进行交流。通过点评专家和与会者对报告论文的讨论和交流，使参与者受到启发。论坛通过汇报、交流和专家评审等环节评选出优秀论文奖，并在论坛闭幕式上举行了隆重的颁奖仪式。

第二届博士论坛优秀论文获奖名单详见表2.9-8。

第二届博士论坛优秀论文获奖名单 表2.9-8

序号	博士生姓名	指导教师	学校	获奖等级
1	谈超群	高乃云	同济大学	一等奖
2	聂煜东	张智	重庆大学	一等奖
3	李惠婷	崔福义	哈尔滨工业大学	一等奖
4	范文飚	李伟光	哈尔滨工业大学	二等奖
5	梁丽萍	关小红	哈尔滨工业大学	二等奖
6	张文东	张勤	重庆大学	二等奖
7	马卫星	黄廷林	西安建筑科技大学	二等奖
8	廖熠	郑怀礼	重庆大学	二等奖
9	曹莹	傅大放	东南大学	二等奖
10	王勇	李伟光	哈尔滨工业大学	二等奖
11	鲁晶	崔福义	哈尔滨工业大学	二等奖
12	储昭瑞	张杰	哈尔滨工业大学	二等奖
13	孙远奎	关小红	同济大学	二等奖
14	郭子瑞	陈志强	哈尔滨工业大学	二等奖
15	朱腾义	傅大放	东南大学	二等奖
16	杨秀贞	施周	湖南大学	三等奖
17	吴传栋	李伟光	哈尔滨工业大学	三等奖
18	韩梅	崔福义	哈尔滨工业大学	三等奖
19	秦雯	李伟光	哈尔滨工业大学	三等奖
20	冯晓楠	陶涛	华中科技大学	三等奖
21	郭浩	田一梅	天津大学	三等奖
22	祝梦婷	张杰	哈尔滨工业大学	三等奖

续表

序号	博士生姓名	指导教师	学校	获奖等级
23	安众一	杜茂安	哈尔滨工业大学	三等奖
24	彭小明	傅大放	东南大学	三等奖
25	高维春	张永祥	北京工业大学	三等奖
26	郭一舟	王宗平	华中科技大学	三等奖
27	张慧超	陈志强	哈尔滨工业大学	三等奖
28	刘海成	陈卫	河海大学	三等奖
29	李璇	黄廷林	西安建筑科技大学	三等奖
30	张海亚	田一梅	天津大学	三等奖

2.10 指导委员会举办的评优活动

2.10.1 "立昇杯"全国高校给排水科学与工程专业本科生优秀毕业设计（论文）

全国高等学校给排水科学与工程专业指导委员会于 2007 年开始举办两年一次的"给排水科学与工程专业本科生优秀毕业设计（论文）评选"活动，该评选活动由海南立昇净水科技实业有限公司提供奖励基金，旨在表彰给排水科学与工程专业本科生的优秀毕业设计或论文。

本科生优秀毕业设计的评选，以学生对工程设计能力的掌握程度为主要参考依据。毕业设计的选题应能够反映社会对给排水专业的新需求和学科的新发展，设计所采用的工程技术及其有关参数符合现行的有关设计规范，设计计算书和设计说明书的内容与格式符合有关要求，设计图纸规范，表述清楚，设计工作量充足。

本科生优秀毕业论文的评选，以学生解决实际问题的能力为主要参考依据。毕业论文的内容应相对完整，包括：概述、研究目的、研究方法、实验数据及其分析、结论与建议等，能反映出学生具有较强的分析问题、解决问题的能力以及已掌握的有关基本实验技能，论文的层次清楚，图表规范，语言流畅，分析合理，结论可信。

本科生优秀毕业设计（论文）在每两年一次的指导委员会扩大会议上进行评选，每次评选出 15 名左右的获奖者。会前由各学校自行申报，从当年或上一年毕业的学生中推荐，每个学校申报的数量限额为 1 名。目前已有 77 名本科生获奖。截止到

2015 年，获得"本科生优秀毕业设计（论文）"名单见表 2.10-1。

"本科生优秀毕业设计（论文）"名单

表 2.10-1

序号	学生	指导教师	学校	题目	获奖时间
1	何頔	杜茂安	哈尔滨工业大学	东北地区 D 市给水工程设计	2007
2	郭建伟	许仕荣	湖南大学	GI 市给水工程初步设计	2007
3	聂莉	王圃	重庆大学	A 县城给水工程	2007
4	马牧	马红芳	华侨大学	河北省 C 市排水工程设计	2007
5	宋悦	李亚峰	沈阳建筑大学	辽宁省 WA 市排水工程规划及污水处理厂设计	2007
6	黄杨	李绍秀	广东工业大学	佛山市某污水厂一期工程设计	2007
7	陶笈汛	张学洪	桂林工学院	某油田石油废水处理工程设计	2007
8	廖华丰	陶涛	华中科技大学	十堰市泗河污水处理工程	2007
9	张越	陈辅利	大连水产学院	SM20 大厦建筑给水排水工程	2007
10	陈婉芳	张祥中	福州大学	某高层住宅楼给排水设计	2007
11	郭兴宇	王俊萍	西安建筑科技大学	商务大厦给水排水工程	2007
12	崔畅	吴俊奇	北京建筑工程学院	北京某住宅楼给水排水工程设计	2007
13	零桂萍	穆容	天津城市建设学院	济南市星河饭店给水排水设计	2007
14	张车琼	张晓健	清华大学	多点顺序氯化消毒工艺的研究	2007
15	陈晨	张岩	北京工业大学	泳动床颗粒活性污泥法处理生活污水特性的研究	2007
16	蔡春丹	张朝升	广州大学	提高出厂水化学稳定性试验研究	2007
17	孙婧	陈卫	河海大学	响水给水工程初步设计	2009
18	谢鹏	施周	湖南大学	B5 市给水工程初步设计	2009
19	郑姿	沈春花	华侨大学	广东 B 市给水工程设计	2009
20	黄志超	张建锋	西安建筑科技大学	东莞市石碣水厂工艺设计	2009
21	黄凌	邓慧萍	同济大学	20 万吨 / 日自来水厂工艺设计	2009

续表

序号	学生	指导教师	学校	题目	获奖时间
22	卢文健	李军、韦甦	浙江工业大学	强化 SBBR 脱氮与人工湿地除磷联合工艺的研究	2009
23	聂雪彪	刘文君	清华大学	饮用水不同消毒技术的遗传毒性比较研究	2009
24	韩宝平	吕炳南	哈尔滨工业大学	黑龙江省大庆市排水工程设计	2009
25	赵志勇	陶涛	华中科技大学	东莞市潢沥、东坑镇合建污水处理厂工艺设计	2009
26	钟伦彪	陈雷、王晓玲	吉林建筑工程学院	吉林省图们市排水工程初步设计	2009
27	智悦	高旭	重庆大学	重庆市界石组团排水工程（条件二）	2009
28	雷竟艺	李长友	长春工程学院	Z 市吉隆坡大酒店给水排水工程设计	2009
29	杨与明	刘德明	福州大学	福州新港客运站	2009
30	何超	石楠	济南大学	南京双色大厦给水排水设计	2009
31	张攀	陈冬辰	山东建筑大学	交通大厦综合楼建筑给水排水工程	2009
32	金帅	张琦	沈阳建筑大学	沈阳光明酒店建筑给水排水及消防系统设计	2009
33	刘凤凯	张永丽	四川大学	四川省彭州市通济镇集中供水工程	2011
34	肖蓝	许仕荣	湖南大学	X1 市给水工程初步设计	2011
35	孙秀秀	乔庆云	扬州大学	苏北某市新区水厂工艺设计	2011
36	张怡	杜茂安	哈尔滨工业大学	华北地区东方城市的给水工程	2011
37	王春芳	于水利	同济大学	B 市给水工程毕业设计	2011
38	张媛	阳春	重庆大学	重庆市北碚主城排水工程（任务四）	2011
39	郑君健	林华	桂林理工大学	临桂县会仙镇污水厂工程设计	2011
40	王斌	李冬	北京工业大学	基于污水再生全流程的 A/O 除磷工艺研究	2011
41	舒圆媛	张晓健	清华大学	含甲基胺化合物的消毒副产物 NDMA 的生成特性与机理研究	2011
42	龚灵潇	李军	浙江工业大学	河道底泥制成陶粒填料处理微污染原水	2011

续表

序号	学生	指导教师	学校	题目	获奖时间
43	何嘉莉	聂锦旭	广东工业大学	顺德职业技术学院文科实训楼给水排水及消防设计	2011
44	马世斌	刘德明	福州大学	福建省立医院金山院区科研楼给排水设计	2011
45	项宁银	岳秀萍、王孝维	太原理工大学	十九层酒店建筑给水排水工程设计	2011
46	雍子豪	吴恬	解放军后勤工程学院	南山大厦建筑给排水工程设计	2011
47	吕辰良	黄海峰	苏州科技学院	苏州吴中区龙西综合商务大厦	2011
48	高阳	李英	北京建筑大学	S县第二水厂设计	2013
49	刘可	施周	湖南大学	T1市给水工程初步设计	2013
50	王然	杨玉思	长安大学	泾阳县开发区2.2万吨给水工程设计（规划B方案）	2013
51	王佳璇	张建峰	西安建筑科技大学	东莞市板桥水厂工艺设计	2013
52	黄增荣	赫俊国	哈尔滨工业大学	吉林省长春地区A市的城市排水工程	2013
53	殷逸虹	姜应和	武汉理工大学	天门河以北老城区排水管网与天门市污水厂设计	2013
54	李欢欢	戴红玲、胡锋平	华东交通大学	济宁市城西污水处理工程设计	2013
55	苏蓉丽	严子春	兰州交通大学	甘肃某卷烟厂污水处理工艺设计	2013
56	刘利亨	王俊萍	西安建筑科技大学	科贸大厦给水排水工程	2013
57	戴少雄	林英姿、王建辉	吉林建筑大学	齐齐哈尔市金辉大厦建筑给水、排水、消防工程设计	2013
58	解伊瑞雯	曾鸿鹄	桂林理工大学	星光国际高层综合楼给水排水工程设计	2013
59	梅龙跃	谢安	重庆大学	雅特居大酒店（任务二）	2013
60	孙振	任庆凯	长春工程学院	信鸿花园小区及信鸿酒店给水排水工程设计	2013
61	颜菁	王利平	常州大学	硅藻土—Fenton试剂联用处理甲萘酚废水	2013
62	范丹	李冬	北京工业大学	常温生活污水MBR短程硝化研究	2013
63	丁皓	陈卫	河海大学	XS县给水工程初步设计	2015
64	黄壮松	南军	哈尔滨工业大学	东北地区B城市给水工程设计	2015
65	卜嘉	施周、周石庆	湖南大学	C1市给水工程初步设计	2015

序号	学生	指导教师	学校	题目	获奖时间
66	金纪玥	冯萃敏	北京建筑大学	巴彦淖尔市黄河水厂设计	2015
67	谭琴	孙士权	长沙理工大学	餐厨垃圾发酵产油脂的预处理研究	2015
68	施王瑶	张永丽、郭洪光、谢汝桢	四川大学	孔滩镇排水工程设计（AB-A/O）	2015
69	许莹	方茜	广州大学	广东地区诚安县排水工程初步设计	2015
70	廖薇	蒋柱武	福建工程学院	福建省连江县城污水处理工艺及配套管网工程设计	2015
71	王丙愚	王永磊	山东建筑大学	郡州县城区污水处理厂及配套污水管网工程设计	2015
72	林晓丹	袁宏林	西安建筑科技大学	扶冈县城市污水处理工程设计	2015
73	刘志锋	曾鸿鹄	桂林理工大学	和德村产业综合楼给水排水工程设计	2015
74	朱佳伟	孟笑鹏	苏州科技学院	某小区管网规划设计及某12层科技馆给排水设计	2015
75	张天华	梅胜	广东工业大学	上海徐汇商务大厦建筑给排水及消防工程	2015
76	周许静	柴陆修	皖西学院	六安市某医疗综合楼建筑给排水工程设计	2015
77	林方纯	吴弼	武汉理工大学	汉乐酒店建筑给排水工程设计	2015

2.10.2 "《中国给水排水》杯"全国高校给排水科学与工程专业本科生优秀科技创新项目

全国高等学校给排水科学与工程学科专业指导委员会于2009年开始"《中国给水排水》杯"给排水科学与工程专业本科生优秀科技创新项目评选,每两年评选一次。该优秀项目评选由《中国给水排水》杂志社提供奖励基金。给排水科学与工程专业本科生优秀科技创新项目奖的评选，以项目的立题背景及研究成果为主要参考依据。项目的立题由学生自行提出，且结合所学专业知识，所立课题具有行业及科研特色，能够反映出学生的专业兴趣和实践能力。

本科生优秀科技创新项目在每两年一次的指导委员会扩大会议上进行评选，每次评出的获奖项目数不超过 10 项。评选前，由各个学校组织推荐申报工作，且每个学校限额推荐不超过 1 项。截止到 2015 年，已有 32 个项目获奖。本科生优秀科技创新项目情况见表 2.10-2。

本科生优秀科技创新项目名单   表 2.10-2

序号	学生	指导教师	学校	题目	获奖时间
1	范美玲、孙培育	张新喜	安徽工业大学	显色废水检测仪开发研究	2009
2	梁亚东	詹炳根、陈慧	合肥工业大学	污泥掺入建筑垃圾制地砖技术研究	2009
3	魏汉金、魏理华、蔺海慈、陈锦荣	张可方、张立秋	广州大学	南沙石化项目对珠江流域南沙段的影响评价及控制对策	2009
4	周华、金戈	林涛、孙敏	河海大学	南京市水厂自用水节水技术与措施研究——滤池反冲水的节水与回用	2009
5	董珊、赵志勇、桂学明、黄文欢	左椒兰	华中科技大学	校园用水情况调研与节能优化方案	2009
6	李然	于衍真	济南大学	LR2008 新型防臭防冒溢地漏的设计	2009
7	邢丽云	王银叶	天津城市建设学院	复合材料去除废水中砷离子的实验研究	2009
8	张媛、张驰、郭旋、刘淼、林洁	周健、付国楷、林艳	重庆大学	强化自然复氧的复合生态床用于受污染水体修复研究	2009
9	陈玉琨、陈丽丽、邹正东、戴红霞、祁浩、颜晓飞	王利平、许霞	常州大学	聚硅酸铁盐絮凝剂处理湖泊型原水中的蓝藻	2011
10	李然、段其南、王辰妮、刘中厚、葛阳阳	于衍真、冯岩	济南大学	新型防冒溢防泛味便器	2011
11	刘纯、张晋童	王文海、冯萃敏	北京建筑工程学院	立轴风力环流增氧机	2011
12	周连波、刘静伟、郭念城、殷逸虹、王思尧	刘小英	武汉理工大学	颗粒污泥反硝化聚磷试验研究	2011
13	潘超、黄少文、杨煜祥、杨延栋	李欣	哈尔滨工业大学	建筑室内排水立管上的新型气水分离旋流器	2011
14	高冠华、范泽迎、周理权、陈伟杰、高建围	荣宏伟	广州大学	磷化氢产生过程的影响因素研究	2011

续表

序号	学生	指导教师	学校	题目	获奖时间
15	王帅、高媛媛	施周	湖南大学	污泥活性炭/TiO₂复合光催化剂的制备及其光催化降解1, 2, 3-三氯苯的研究	2011
16	高燕飞、徐力克、刘豪、陶培俊	高乃云	同济大学	高级氧化法去除饮用水中农药类典型内分泌干扰物研究	2011
17	王海、李震涛、秦莹、魏婷、李珅	张 勤、刘鸿霞	重庆大学	重庆大学学生宿舍节水措施研究	2011
18	赵健	左剑恶	清华大学	同步亚硝化—厌氧氨氧化全自养生物脱氮工艺研究	2011
19	姚骁、何萍、王钦	李哲	重庆大学	三峡库区澎溪河高阳水域甲烷气泡通量的监测	2013
20	张伟成、张志胜、李嘉良、郑炳榕	石明岩	广州大学	一种用于处理污水的填料的制作	2013
21	邱乃意、戴晓斯、朱华斌、谢祥涛	刘德明	福州大学	福州大学第三期土木工程创新性实验研究计划（IRP）项目	2013
22	刘静伟、罗玉龙、刘思琪、殷逸虹、王琪	刘小英	武汉理工大学	低溶解氧下颗粒污泥的培养及脱氮除磷研究	2013
23	金晓林	丛燕青	浙江工商大学	可见光响应型半导体材料制备及太阳能光电转化消除污染物制氢体系构建	2013
24	庞鹤亮	高金良	哈尔滨工业大学	新型居民用水微流量精确计量装置	2013
25	丛建松、李爽、任万雨、汪舟、周苗苗	宋铁红、王晓玲	吉林建筑大学	改良A²/O污水处理工艺效能优化策略	2013
26	代世宇、赵雨萌、曹影、杨雪、杜璇	瞿芳术	哈尔滨工业大学	面向农村饮用水的重力流超滤净水设备的研制与运行管理优化研究	2015
27	李明明、许昱、王晓迪、王善理、王雨情、边学惠	冯岩、于衍真	济南大学	一种气水异向流三维电生物耦合反应器	2015
28	朱宸	丛海兵	扬州大学	超声波蓝藻无破损沉淀水处理装置开发	2015
29	丁榕艺、杨峻、甘敬业、刘佳琦	徐冰峰	昆明理工大学	餐饮废水强化预处理装置的研制	2015

序号	学生	指导教师	学校	题目	获奖时间
30	陆瑶、滕严婷	唐玉霖	同济大学	纳米材料对藻类的毒性探究	2015
31	柴琪婉、盛旺、谢志行、刘媛鋆、黎可、孙伟新、胡晓兰	方正	武汉大学	基于生物炭固定化微生物技术的难降解焦化废水处理装置设计	2015
32	王颖、郑兴、陈雨喆、黎雪珂、高亚丽、陈一凡	郑怀礼、王圃	重庆大学	新型高效低水损管道混合器	2015

2.10.3 "多相杯"全国高校给排水科学与工程专业本科教育优秀教学研究论文

高等学校给水排水工程专业指导委员会于 2007 年开始举办给排水科学与工程专业本科教育优秀教学研究论文评选活动，该奖项 2009 年起由哈尔滨多相水处理技术有限公司提供奖励基金。在每两年一次的指导委员会扩大会议上，对来自指导委员会组织召开的各专业课程教学研讨会论文集中的论文进行评选，每次获评优秀教学研究论文不超过 10 篇。截止到 2015 年，已有 49 篇优秀教学研究论文获奖，优秀教学研究论文情况见表 2.10-3。

优秀教学研究论文获奖名单   表 2.10-3

序号	作者	作者单位	论文题目	获奖时间
1	方芳、蒋绍阶	重庆大学	水质工程学课程教学的探讨与思考	2007
2	邓慧萍、高乃云	同济大学	部分高校给水排水工程专业教学计划的比较与分析	2007
3	许兵	山东建筑大学	关于给水排水管网课程设计改革的几点体会	2007
4	许萍、吴俊奇、杨海燕	北京建筑工程学院	"建筑给水排水工程"课程实验的教学实践	2007
5	刘满、范跃华	华中科技大学	给水排水管网课程教学的若干关系	2007
6	李伟英、高乃云、李树平、吴一蘩	同济大学	《建筑给水排水工程》课程教学改革与研究	2007
7	张建锋、袁宏林	西安建筑科技大学	"水质工程学"课程教学初探	2007

续表

序号	作者	作者单位	论文题目	获奖时间
8	张勤	重庆大学	面对当前形势，加强工程技术经济教学——给排水科学与工程专业《水工程经济》课程改革实践	2007
9	陆谢娟、解清杰、任拥政、付四平、章北平	华中科技大学	水处理综合创新实验平台的建设及教学实践探索	2007
10	吴慧英、施周、许仕荣、任文辉、饶明	湖南大学	给水排水工程专业实验教学的课时设置分析与教学改革实践	2009
11	严子春	兰州交通大学	提高《水工艺设备基础》课程教学质量的探索与实践	2009
12	王庆国、陈尧	四川大学	关于《水工艺设备基础》课程教学的一些思路和建议	2009
13	杨利伟、熊家晴	长安大学	《水工艺设备基础》教学改革与实践	2009
14	王俊萍、黄廷林、卢金锁	西安建筑科技大学	《水工艺设备基础》课程设置及实践教学的探索	2009
15	田伟博、张勤	重庆大学	"水工程施工与项目管理"课程教学探析	2009
16	李俊奇、王俊岭、仇付国	北京建筑工程学院	强化特色方向与建立课程体系——水工程施工系列课程教学改革与实践	2009
17	李冬梅、李志生、梅胜、阮彩群	广东工业大学	新形势下给水排水科学与工程专业实验平台的开发	2009
18	胡锋平、戴红玲、张玉清、王全金等	华东交通大学	污水处理中水回用实践教学基地建设及应用	2009
19	曹勇锋、张可方	广州大学	水处理实验技术设计性实验教学的探讨	2009
20	聂锦旭、梅胜、阮彩群	广东工业大学	《泵与泵站》课程教学改革的研究	2011
21	孙士权、万俊力、谭万春	长沙理工大学	《水泵与水泵站》课程的有效性教学探讨	2011
22	王永磊、李梅	山东建筑大学	《泵与泵站》课程教学方式方法改革与探讨	2011
23	赵文玉、张学洪、魏明蓉、周自坚、陆燕勤、许立巍	桂林理工大学	结合案例的专题讲座新教学方法的探索与实践	2011
24	孟雪征、曹相生、郑晓瑛	北京工业大学	水处理生物学课程建设探索	2011
25	苏俊峰、刘永军	西安建筑科技大学	"水处理微生物学"教学模式的改进与实践	2011

续表

序号	作者	作者单位	论文题目	获奖时间
26	赵炜、王佰义	兰州交通大学	水处理微生物学课程教学优化与改革	2011
27	李树平、刘遂庆、吴一蘩	同济大学	"给水排水管网系统"课程教学改革研究	2011
28	徐金兰、黄廷林、苏俊峰	西安建筑科技大学	城市水工程仪表与控制课程建设与教学研究	2011
29	许霞、董良飞	常州大学	"给排水工程仪表与控制"课程建设的实践与改革	2011
30	王和平	广东工业大学	高等学校《水工程施工》教材内容修编的几点思考	2013
31	郭永福、徐乐中、李翠梅	苏州科技学院	基于科研导师制的本科生实践创新能力的探索与实践	2013
32	沈红心、隋铭皓、邓慧萍	同济大学	基于卓越工程师教育培养计划的给水排水专业人才管理模式探索——以同济大学给水排水工程专业为例	2013
33	严子春、赵炜	兰州交通大学/甘肃省高等学校	给水排水工程毕业设计协同指导模式探索	2013
34	梁建军、翟俊、向平、刘鸿霞	重庆大学	面向卓越工程师培养的给排水专业本科毕业设计探讨	2013
35	王俊萍、王旭冕、朱陆莉	西安建筑科技大学	提高给排水工程专业毕业设计质量的探索与实践	2013
36	荣宏伟、张朝升	广州大学	给排水科学与工程专业生产实习存在的问题及对策	2013
37	王永磊、李梅、孟德良	山东建筑大学	提高本科毕业实习教学质量教学方法探讨	2013
38	张林军、张建昆	徐州工程学院	给排水科学与工程专业实习教学改革研究	2013
39	冯萃敏、张雅君、王俊岭	北京建筑大学	校内校外共管共赢的实践教学基地建设模式	2013
40	张朝升、荣宏伟、方茜、张可方、张立秋、曹勇锋	广州大学	《水质工程学》国家精品资源共享课程的建设与探索	2015
41	李红艳、崔建国、张峰、陈启斌、崔佳丽、陈宏平	太原理工大学	《水质工程学》课程群建设与改革的探讨	2015
42	唐玉霖、邓慧萍、于水利	同济大学	《水质工程学》全英语教学的实践与思考	2015
43	董良飞、王利平、涂保华、陈毅忠、许霞	常州大学	以培养学生综合能力为导向的《水质工程学》教学方法研究	2015

序号	作者	作者单位	论文题目	获奖时间
44	李欣、时文歆、韩洪军、李伟光、陈志强、马军	哈尔滨工业大学	基于"卓越工程师计划"的《水质工程学》课程教学改革实践	2015
45	张克峰、陈文兵、李梅	山东建筑大学	《专业规范》对"建筑给水排水工程"课程体系教学要求解读	2015
46	刘保疆	北京工业大学	调整课程设计安排 理论实践相得益彰	2015
47	徐得潜、王文静	合肥工业大学	建筑给水排水工程课程与实践教学思考	2015
48	元红英、焦学芹	河北农业大学	《建筑给水排水工程》教学过程中的感悟	2015
49	吴国娟、施永生、徐冰峰、赵萌	昆明理工大学	在给排水工程专业开设城市垃圾处理与处置课程的教学研究	2015

2.10.4 全国高等学校给排水相关专业在校生研究成果展示会

为了提高学生的创新、创业能力，由高等学校给排水科学与工程学科专业指导委员会、中国城镇供水排水协会科学技术委员会和深圳市科学技术协会联合主办，深圳市水务（集团）有限公司承办的首届"全国高等学校给排水相关专业在校生研究成果展示会"于2015年9月14～15日在深圳会展中心成功举行，这是高校与行业结合进行人才培养的一次有益尝试。全国约150所高校参加本次展会，参加展会的学生代表逾200人，全国水务行业及相关投资机构的百余名代表参加会议，参会总人数超过500人。40多所高校推荐的183项给排水相关专业学生的作品做了展示，这些作品分4个类别，包括：产品类（设备、装置、材料、药剂等）、方案类（工艺设计图、计算书、工艺优化方案、标准等）、专利类（国内发明和实用新型专利）和论文类（已公开发表）。这些作品由在校本科生、硕士生、博士生完成，在一定程度上代表了全国高校给排水相关专业学生的科研水平和创新能力。展会每类作品设金奖1项、银奖2项、铜奖5项，评选委员会从4类183件参展作品中评选出最佳产品奖、最佳方案奖、最佳专利奖、最佳论文奖，总计金奖4名，银奖8名，铜奖20名，获奖名单见表2.10-4。

展会期间还举行了高端学术报告会，邀请英国、法国、新加坡、中国香港等国家、地区的6位著名学者介绍了国际水务行业的最新科技发展动态与成果。展会同期还举办第十一届深圳、香港、澳门、珠海四地供水界学术交流会，邀请行业水司代表参观给排水相关专业在校生研究成果展，参加创新沙龙。

鉴于本次展会在社会取得了良好反响，主办单位决定将展会定期在深圳市举办，2年1次。

获奖展品名单

表2.10-4

（1）最佳产品奖

奖项	产品名称	参赛人	指导教师	参赛学校
金奖	用于生物增强活性炭工艺去除低温水源水中氨氮的异养硝化菌剂	黄晓飞、张多英、秦雯	李伟光	哈尔滨工业大学
银奖	一种堆叠式树脂填充型微生物脱盐电池	左魁昌	黄霞	清华大学
	污水处理智慧运行工作站	刘焕、唐姚辉、张庆珮	李志华	西安建筑科技大学
铜奖	水质毒性检测多通道微生物传感器	王鑫	王学江	同济大学
	超高通量节能型微管式自生动态膜组件及反应器	熊江磊、韦定兵、杨锦辉	傅大放	东南大学
	系列高效絮凝剂的研究	陈伟、孙永军、唐晓旻、赵传靓、周于皓、朱国成、顾颖鹏	郑怀礼、翟俊	重庆大学
	基于自适应驱动过程的市政管道机器人	袁媛、张剑桥、李庆凯	南军、姜生元	哈尔滨工业大学
	基于无线传感网络的给水管网监测系统	蔡亮、荆延龙	王荣合	清华大学深圳研究生院

（2）最佳专利奖

奖项	产品名称	参赛人	指导教师	参赛学校
金奖	利用复合双循环厌氧反应器处理工业废水的装置	宿程远	李伟光	哈尔滨工业大学
银奖	可移动式扬水曝气水质原位改善系统	马卫星	黄廷林	西安建筑科技大学
	一种光磁污水处理装置	蒋志辉	解清杰	江苏大学
铜奖	梯级复合流人工湿地系统及其污水生态净化方法	陈壮锐	付贵萍	深圳大学
	一种三元高分子共聚物阻垢剂的制备方法及应用	张彦卿	李孟	武汉理工大学
	一种景观节能型小区中水处理组合系统	章梅丽	吴云海	河海大学
	一种紫外光引发疏水改性阳离子聚丙烯酰胺的合成方法	孙永军	郑怀礼	重庆大学
	一种地表水强化常规处理去除氨氮/藻类的工艺系统	章武首	黄廷林	西安建筑科技大学

（3）最佳方案奖

奖项	产品名称	参赛人	指导教师	参赛学校
金奖	饮用水安全保障集成技术	公绪金、范文飙、张欣然、金佳林	李伟光	哈尔滨工业大学
银奖	基于低浊度原水净水厂升级改造方案	陈停、刘博涵、张鹏飞	崔福义 徐勇鹏	哈尔滨工业大学
银奖	未来水厂设计	李昂、张珍妮、王婷、李超、蔡亦忠、李越	胡洪营	清华大学深圳研究生院
铜奖	给水管网末端用水节水系统	张剑桥、刘剑、迟惠中	赫俊国	哈尔滨工业大学
铜奖	纯氧曝气生物活性无烟煤滤池净水工艺	韦德权、雷颖、宋佳、张梦阳、范小江、吴启龙	张锡辉	清华大学深圳研究生院
铜奖	污水预处理系统中砂水分离装置的改造升级方案	姜宁、董志杰、刘大伟	吉芳英	重庆大学
铜奖	脱水污泥干发酵产沼联合太阳能干化污泥工艺设计方案	陈成、司丹丹、张玉瑶、刘灿、刘传旸、徐帆	李欢	清华大学深圳研究生院
铜奖	新型翼片式斜板沉淀池的数值模拟与优化研究	陶赟、陆圣达、缪昊君	傅大放	东南大学

（4）最佳论文奖

奖项	产品名称	参赛人	指导教师	参赛学校
金奖	Sustainable water desalination and electricity generation in a separator coupled stacked microbial desalination cell with buffer free electrolyte circulation	陈熹	黄霞	清华大学
银奖	Morphology-tunable ultrafine metal oxide nanostructures uniformly grown on graphene and their applications in photo-Fenton system	邵鹏辉	时文歆、田家宇	哈尔滨工业大学
银奖	Identifying polyvinylidene fluoride ultrafiltration membrane fouling behavior of different effluent organic matter fractions using colloidal probes	苗瑞	王磊	西安建筑科技大学
铜奖	Effect of bacterial communities on the formation of cast iron corrosion tubercles in reclaimed water	靳军涛	管运涛	清华大学深圳研究生院

奖项	产品名称	参赛人	指导教师	参赛学校
铜奖	UV/chlorine process for ammonia removal and disinfection by-product reduction：Comparison with chlorination	张欣然	李伟光	哈尔滨工业大学
	Preparation and characterization of palladium/polypyrrole/foam nickel electrode for electrocatalytic hydrodechlorination	李君敬	刘惠玲	哈尔滨工业大学
	Preparation of graphene film decorated TiO_2 nano-tube array photoelectrode and its enhanced visible light photocatalytic mechanism	程修文	刘惠玲	哈尔滨工业大学
	Influence of $KMnO_4$ preoxidation on ultrafiltration performance and membrane material characteristics	鲁子健	林涛	河海大学

3

专业
记事

此部分对专业发展中的重要事件按时间顺序加以记录，记录的原则是："文革"前办学学校不多、事件留存的信息较少，对这一时段已掌握的事件尽量记录；"文革"后保留的信息较多，为了避免记事篇幅过大，仅对一些全国"首次"的事件或称为重要的事件加以记录，如首批获得全国市政工程学科硕士（博士）学位授予权的学校、全国首次招生（本科、硕士、博士）的情况等，其他各学校情况则列入"5　各高校给排水专业建设情况汇总表"或书中其他相关表中；科研成果仅记录国家级获奖情况；等等。文中各处出现的学校名称采用事件发生时的名称，其与当前学校名称的对应关系也见"5"。

3.1　依附于土木工程，尚未独立设置专业，专业启蒙阶段（1952 年之前）

1911 年

8 月，北洋大学聘请麻省理工学院卫生工程专业毕业的阿瑟·布雷德弗德·毛理尔（Arthur Bradford Morrill）担任土木工程系卫生工程教授，开设"卫生工学"课程。毛理尔是已知有文献记载的中国第一位卫生工程教师。

1917 年

同济大学设立"工科"，分设机械、土木专门科，土木专门科中开设有"城市泄水学"、"水利学"课程。1922 年，在土木专门科中开设的"城市工程学"课程中包括"水料的供给"，"废水的引泄"等内容；"城市地下工程"课程包括"排水工程"内容。

1920 年

哈尔滨中俄工业学校设置铁路建筑系，开设"给水和排水"等专业课程。

1925 年

哈尔滨中俄工业大学校在铁路建筑系设立了给水排水教研室。1925 届本科毕业生（五年制）用俄文撰写完成了题目为《铁路供水》和《内部水务》的毕业设计。

交通部唐山大学土木工程科内设"市政工程门"。

1929 年

清华大学工程学系改称土木工程学系，内设铁路及道路工程组和水利及卫生工程组。

湖南大学土木系分设路工、结构、建筑、水利四个组。水利组开设有给水工程、水文学、沟渠工程、河道工学、水力机械工程等课程。建筑组中开设有"卫生工程"

等课程。

1933 年

天津大学土木工程学系分为土木工程组和水利卫生工程组。水利卫生工程组开设有给水工学、污渠工程、污渠工程计划及制图等课程。

清华大学建成卫生工程实验室。

1937 年

陶葆楷编著的大学丛书《给水工程学》由商务印书馆发行。

顾康乐编著的大学丛书《净水工程学》由商务印书馆发行。

1941 年

湖南大学土木工程科"水力组"开设有"都市给水"、"污水工程"、"水工计划"等课程，设有"水力实习室"等实验室。

1944 年

国立山西大学工学院设立土木工程类科系，设有课程"市政工程"。

1949 年

国立山西大学工学院土木工程学系设结构组、路工组、市政组和水利组。

1950 年

4 月 19 日"中央教育部党组小组关于哈尔滨工业大学改进计划的报告"（中国共产党中央委员会 1950 年 6 月 7 日批复）：土木建筑科设"卫生设备系"，下设给水及上下水道组（1951 年 9 月 1 日），计划于 1952 年建设"给水、上下水道"实验室，面积 80m²。

1951 年

华东教育部决定，私立大厦大学、光华大学的土木工程系合并到同济大学土木工程系，调整后的同济大学土木工程系分结构、公路、水利、市政四个专业组。市政组开设给水工程、下水工程、水力学、水文学等课程。

3.2　独立设置专业，探索与成长阶段（1952～1965 年）

1952 年

哈尔滨工业大学设立给水排水工程专业，执行苏联教学计划，5 年制（不含 1 年俄文预科），授课学时达 4000 多学时；该教学计划一直持续到"文革"前。1953 年 9

月，成立卫生工程教研室（后更名为给水排水教研室），苏联莫斯科市政建筑工程学院阿·马·莫尔加索夫（А.М.Морлясоb）副教授任主任，樊冠球任代理副主任。当时教研室教师名单：阿·马·莫尔加索夫、樊冠球、张自杰（后任代理副主任）、聂地申阔夫、刘狄、颜虎、舒文龙。给排水专业首批学生来自1951级土木建筑工程系学生，共15人。

樊冠球（1924.2—）1946～1950年在武汉大学土木系学习。1950年从武汉大学毕业后分配到哈尔滨工业大学执教，后任卫生工程教研室代理副主任和副主任，1956年赴莫斯科土建学院学习，1960年获副博士学位回国，继续担任给水排水教研室领导工作，是哈尔滨工业大学给水排水工程专业主要创始人；1974年调任第二汽车制造厂（今东风汽车公司）工作。

清华大学土木工程系设立了给水及下水工程专业，开始按专业招生培养，1955级起专业名称更名为给水排水工程专业。1952年清华大学给水及下水工程教研组教师名单：陶葆楷、顾夏声、王继明、李国鼎、李颂琛。1954年7月教研室更名为给水排水工程教研组。清华大学给水排水工程专业1952年招收一个班，以后每年招收2个班（其中有一年是3个班），从1953级起学制5年，1952～1965年共招生培养了800余名本科生。

陶葆楷（1906～1992）1920年考入清华学校，1926年赴美，先后就读于密歇根大学和麻省理工学院，1929年获土木工程学士学位，1930年获哈佛大学卫生工程硕士学位。1931年进入清华大学执教，任教授，是清华大学给水排水工程专业创始人。曾任清华大学土木工程系主任、工学院代院长，新中国成立后曾任建工系主任。

同济大学设立上下水道系，由杨钦教授任系主任。上下水道系设给水下水教研室和水力水文教学组，并设置上下水道专业。1952年秋季招收第一届上下水道专业（1954年8月给水下水教研室改名为给水排水教研室，上下水道专业改为给水排水工程专业）本科生和专科生，每年招生均在60人以上。当时教研室教师名单：杨钦、谢光华、李善道、裴冠西、严煦世、郁雨苍、孙立成、秦麟源、方怀得、吴国凯。

杨钦（1911.5—1991.1）1936年毕业于浙江大学。1937年在密歇根大学获得硕士学位。曾任广州市新自来水厂工程处工程师、中山大学教授、浙江大学教授、复旦大学教授、上海交通大学教授/系主任。1952年到同济大学任教授，1953年任同济大学副教务长，1956年任同济大学副校长，曾任建工部高等工业学校给水排水教材编审委员会主任等，是同济大学给水排水工程专业创始人。

1953 年

哈尔滨工业大学开办给水排水工程专业预留师资进修班（为期 1 年），由苏联专家授课。学员 14 人，包括哈尔滨工业大学 9 人（樊冠球、颜虎、沈承龙、张自杰、罗昌逢、舒文龙、李圭白、王宝贞、邵元中）、清华大学 1 人（王占生）、同济大学 1 人（秦麟源）、重庆土木建筑学院 1 人（赵锡纯）、中南土木建筑工程学院 1 人（蒋远章）、太原工学院 1 人（高明远）。

1953 年起，哈尔滨工业大学连续开办 2 期给水排水专业研究生班，学制 2 年，由苏联专家授课。第一期 1953～1955 年，研究生 7 名：马中汉、姚雨霖、林荣忱、沈承龙、李圭白、王宝贞、邵元中；第 2 期 1954～1956 年，研究生 4 名：孙慧修、王训俭、廖文贵、陈霖庆。

以上进修班和研究生班学员分布在当时我国开办给排水专业的学校执教，成为我国早期给排水专业的师资骨干。

清华大学给排水专业开始招收培养研究生，学制 3 年，首名研究生陈志义。至"文革"前共招收研究生 14 名，毕业 11 名。

哈尔滨工业大学建设给水排水工程实验室。

1954 年

根据中央人民政府高等教育部、中央人民政府第一机械工业部《关于哈尔滨工业大学工作的决定》，哈尔滨工业大学给排水专业名称确定为"给水及下水工程"。

我国给水排水工程专业最早的一批教材出版，包括：

陶葆楷、李颂琛、朱庆爽编写高等学校交流讲义《给水工程》（上册）；

陶葆楷、李颂琛、朱中孚、顾夏声编写高等学校交流讲义《下水工程》（上册）；

清华大学顾夏声编写讲义《水分析化学及微生物学》；

张有衡编写高等学校交流讲义《水力学泵及鼓风机》。

1955 年

天津大学设立给排水专业并组建成立给水排水实验室，当年招收本科生共 2 个班，学制 5 年，约 60 人。到 1958 年，专业教师有：张湘琳、金绍基、王旭光、杨宝林、林荣忱、王训俭、李大元、安鼎年、许承谟和夏宗尧。

张湘琳（1908～1968）1932 年毕业于北洋大学土木系，1935 年获得北卡罗来纳大学土木工程硕士学位，后任北洋大学教授、土木系主任。1935 年任教于北洋大学，是天津大学给水排水工程专业创始人。

重庆建筑工程学院给水排水工程专业开始招收本科生（1953 年筹建），当年招生

96 名。按照苏联教学模式组织教学。专业课教师有:周谟仁、张世芳、雷汝阳、赵锡纯。

雷汝阳(1916~1966)1937~1941 年,重庆大学工学院本科生,1944 年冬~1946 年秋,美国麻省理工学院水力发电工程专业研究生、密苏里州立大学卫生工程研究生;1947 年夏~1952 年夏,重庆大学副教授兼西南工专水利科主任。1952 年任教于重庆土木建筑学院,任副教务长。1952~1958 年,重庆建筑工程学院土木系卫生工程教研组副教授兼系主任;给水排水工程专业筹备组组长(1953 年),是重庆建筑工程学院给水排水工程专业创始人。

陶葆楷、李颂琛、朱庆爽编写高等学校交流讲义《给水工程》(下册)。

哈尔滨工业大学教师张自杰受国家公派赴苏联列宁格勒建筑工程学院研究生学习(1955.10~1959.6),获苏联科学技术副博士学位,是我国派往苏联学习给水排水工程并获得副博士学位的第一人。

许保玖(1918~)到清华大学任教,是执教于我国给排水专业的第一位具有博士学位的教师。(1942 年中央大学土木工程系毕业,获工学士,1949 年美国密歇根大学,获卫生工程硕士学位;1951 年美国威斯康星大学,获博士学位)。

1956 年

中南土木建筑学院给水排水工程专业招收第一届本科生 60 人(1953 年筹建),学制 5 年,按苏联模式培养。"文革"前(1956~1965 年)共招收学生 10 届,共 499 人。给水排水工程教研室教师名单:朱皆平、吕翰潘、蒋远章、姜乃昌、胡鹤钧、秦成生、李鸿禧、黎国昌、赖世礼。

朱皆平(1898~1964)1924 年毕业于交通大学唐山学校土木工程科(卫生工程门),1925 年去英国伦敦大学专攻城市规划和市政工程,1927 年在法国巴黎大学攻读微生物学和公共卫生,后又到巴斯德学院研究水的微生物学,1930 年回国在唐山工学院任教,1949 年调入湖南大学执教,任教授,是湖南大学给水排水工程专业创始人。

西安建筑工程学院首次招收给水排水工程专业本科生 99 人,学制 5 年。教师名单:陈松庭,许志家、刘衷炜、谭炳训、于泮池、曹翀。

1957 年

清华大学建成约 1000m² 的给水排水实验室,并在清华校内建成约 700m² 的小型生活污水处理厂,供实验教学和生产性试验使用。

苏联专家阿·马·莫尔加索夫(А.М.Морлясоb)、阿甫切卡列夫等受同济大学邀请来华讲学,期间与同济大学杨钦教授等共同作为导师,培养副博士 4 人:李圭白、高廷耀、严煦世、陈霖庆(受当时中苏关系影响,未授学位)。

1958 年

唐山铁道学院铁道建筑系设立给水排水工程本科专业，并于当年首次招收了给水排水工程专业学生（1953 年起，在铁道建筑专业设立给水排水工程专门化，招收本科生）。同年，根据铁道部令，给水排水工程专业全部师资、设备整体搬迁兰州，成为兰州铁道学院铁道建筑系给水排水工程专业。专业教师有：顾培恂、李正才、张庆文、罗征洪、黄晶若、叶洪辉、王庆庚、汪昭群、张培忠、李文绥、王东林、马伍权。至"文革"前培养七届共 293 名学生。

顾培恂（1910—1995）1931 年考入上海圣约翰大学学习，获土木工程学士学位，1940 年进入英国伦敦大学，学习市政卫生工程都市计划，获建筑院学士学位。 1950 年进入唐山交通大学（唐山铁道学院前身）任教授，1958 年随专业迁到兰州铁道学院执教、教授，是兰州铁道学院给排水专业创始人。

太原工学院给水排水工程专业招生 32 人（1957 年起在建筑设备专业中已设给排水专门化），学制 5 年。至"文革"前共培养三届本科生，100 余人。专业教师有：高明远、马毅志、曲富林等。

高明远（1928—2011）1951 年毕业于山西大学工学院土木工程系，1953 年任教于太原工学院土木工程系，同年在哈尔滨工业大学给水排水工程专业预留师资进修班进修，是太原工学院给水排水工程专业的创始人。

1959 年

哈尔滨建筑工程学院成立污水处理与综合利用研究室（后更名为水处理研究室），王宝贞任主任，有 10 名研究人员。

哈尔滨建筑工程学院根据中央军委的要求，设置"水处理专门化"专业方向，共招收 2 届学生。

北京建筑工程学院开始招收给水排水工程专业本科生。1961 年该专业停止招生，59 级和 60 级本科生调整到北京工业大学土木建筑工程系。1977 年恢复招生。

10 月，同济大学成立给水排水研究室，杨钦任室主任，胡家骏任副主任。1960 年增设工业用水与废水研究室，高廷耀任室主任。

1960 年

因国防建设需要，清华大学给水排水工程教研组抽调教师组建了原子能反应堆供水与放射性废水处理专门化教研组（简称"03 教研组"），并在给水排水工程专业中设立了专门化方向招生培养。

哈尔滨建筑工程学院招收中国教师培养的第一批导师制给水排水专业研究生（张

芳西，1963 年通过毕业答辩，导师张自杰，指导人马中汉）。

同济大学给水排水专业招收研究生。1960～1966 年共 6 名研究生毕业（邱镕处、陈对成、周庚武、黄忠杰、林培元、高廷耀）。

天津大学给水排水专业开始招收研究生，首届研究生 4 名（张俊贞、介雯、王绍文、李一学，导师为张湘琳和林荣忱）。

1961 年

北京工业大学设立给水排水工程专业，学生由北京建筑工程学院 59 级和 60 级共 118 人迁入。专业教师有何鼎新、张荪楠、阎振甲。

1962 年

湖南大学开始招收给水排水专业研究生。第一批研究生 2 名（吴自迈和杨联京，导师朱皆平）。

1963 年

建筑工程部教育司主持，成立"给水排水工程专业教材编审委员会"，参加的学校有清华大学、同济大学、哈尔滨建筑工程学院、天津大学、湖南大学、重庆建筑工程学院、西安冶金建筑工程学院、太原工学院等，由 15 人组成。主任委员先后由陶保楷和杨钦担任，秘书由钱易担任。委员会先后在上海和北京召开过两次会议，研究教材出版计划，审查教材出版情况。后因"文革"停止工作。

3.3 "文革"期间，专业发展停滞阶段（1966～1976 年）

1966 年

1966～1970 年"文革"期间，各学校给排水专业停止招生。

1970 年

1970 年起，部分学校陆续恢复招收给水排水专业工农兵学员：1970～1976 年清华大学共招生 300 余名、同济大学共招生 411 名；1971～1975 年北京工业大学共招生 155 名；1971～1976 年兰州铁道学院共招生 234 名、天津大学共招生 249 名；1972～1975 年太原工学院共招生 110 名；1972～1976 年重庆建筑工程学院共招生 296 名、湖南大学共招生 237 名、哈尔滨建筑工程学院共招生约 230 人、西安冶金建筑学院共招生 282 名；1973～1976 年武汉建材学院共招生约 116 人；1976 年辽宁建筑工程学院共招生 35 人。

3.4 专业建设恢复与发展阶段（1977~1995年）

1977年

全国恢复高考。恢复高考后第一届学生为1977年招生，1978年春季入学。

哈尔滨建筑工程学院（招生人数为63人）、同济大学（招生人数为120人）、重庆建筑工程学院（招生人数为76人）、西安冶金建筑学院（招生人数为62人）、北京工业大学（招生人数为60人）、辽宁建筑工程学院（招生人数为35人）、太原工学院（招生人数为34人）、湖南大学（招生人数为38人）、天津大学（招生人数为33人）、兰州铁道学院（招生人数为64人）、武汉建材学院（招生人数为35人）、北京建筑工程学院（招生人数为42人）等招收了"文革"后恢复高考首批给水排水工程专业全日制本科生。

清华大学给水排水工程专业更名为环境工程专业，直至1990年恢复给水排水工程专业本科培养。

1978年

1月，国家基本建设委员会教育司在哈尔滨召开了全国高等院校给水排水专业教材座谈会，会议讨论确定了教材编写分工。

哈尔滨建筑工程学院水处理研究室获全国科研先进集体称号，王宝贞教授作为该先进集体代表参加了全国科学大会；哈尔滨建筑工程学院的科研成果"聚合氯化铝凝聚剂研究"、"含镉废水处理"、"地下水除铁、除锰技术——接触催化法除铁新工艺"，太原工学院的科研成果"印染废水生物再生法处理技术"获全国科学大会奖。

从1978年起，部分高校恢复招收给水排水工程专业研究生。1978年各校招收研究生情况如下。哈尔滨建筑工程学院：彭永臻（导师张自杰）；王大志、徐国勋、田金质（导师王宝贞）；王志石（导师李圭白）。同济大学：俞国平、刘遂庆（导师杨钦）；金兆丰、吴一繁、张永果（导师严煦世）。重庆建筑工程学院：蔡增基、刘康宁、黄渝民（导师周谟仁）。

1979年

哈尔滨建筑工程学院王宝贞完成了学术专著《放射性废水处理》，由科学出版社出版。

"文革"后的统编专业教材陆续出版，首批出版的有：《给水排水化学》、《供水水文地质》、《水文学》等，由中国建筑工业出版社出版。

1981年

1月1日，《中华人民共和国学位条例》正式生效。哈尔滨建筑工程学院、同济大学、重庆建筑工程学院、北京工业大学等获得国内首批市政工程学科硕士学位授予权。此后这些学校通过学位论文答辩的给水排水工程专业研究生均被授予市政工程硕士学位。

同济大学获得国内首批市政工程学科博士学位授予权，杨钦教授获得首批博导资格。

10 月，城乡建设环境保护部成立了"高等工业学校给水排水及环境工程类专业教材编审委员会"，主持学校清华大学，主任委员顾夏声。

1982 年

国家实行学位制度后，市政工程学科招收国内首批硕士学位研究生。同济大学：李贵义（导师杨钦），常春（导师孙立成），吕锡武（导师严煦世）。哈尔滨建筑工程学院：崔福义（导师李圭白），齐少英（导师王宝贞），任南琪（导师张自杰），何文杰（导师刘馨远），周玉文（导师孟昭鲁），严应政（导师马中汉）。重庆建筑工程学院：潘伯寿、黄勇（导师孙慧修），蒋绍阶、白仁碧（导师姚雨霖）。

1983 年

9 月，日本北海道大学丹保宪仁教授来西安冶金建筑学院（现西安建筑科技大学）讲学，为期 1 个月，讲学内容"水处理絮凝理论与设计"，全国有 20 多所大学、设计单位的 49 名技术人员参加了学习。

同济大学招收国内首批市政工程博士学位研究生：俞国平（导师杨钦）。

11 月，全国高校给排水专业教学大纲会议在长沙召开。

1984 年

4 月，给水排水及环境工程类专业教材编审委员会召开教材编审会议。

哈尔滨建筑工程学院给排水专业教师李圭白等的成果"水上一体化水厂研究"获国家技术发明奖二等奖。

解放军后勤工程学院给排水专业教师官举德等的成果"野战供水净化车"获国家科技进步奖三等奖。

1985 年

哈尔滨建筑工程学院给排水专业教师李圭白等的成果"地下水接触氧化除锰工艺"获国家科技进步奖二等奖。

同济大学土木、水利学科（含市政工程）设立博士后流动站。

重庆建筑工程学院给排水专业教师姚雨霖等的成果"人工轻质新型陶粒滤料过滤技术的研究"获国家科技进步奖三等奖。

1986 年

5 月,给水排水及环境工程类专业教材编审委员会在福建泉州召开教材编审会议。

哈尔滨建筑工程学院李圭白获得国家级有突出贡献的中青年专家称号。

1987 年

5 月，给水排水及环境工程类专业教材编审委员会在重庆召开教材编审会议。

1988 年

哈尔滨建筑工程学院市政工程学科被国家教育委员会评为国家重点学科。

1989 年

哈尔滨建筑工程学院接收苏联茹洛夫副教授为本专业首位访问学者。

5 月,"全国高等学校给水排水工程学科专业指导委员会"成立,并在北京召开了一届一次会议。委员会主持单位哈尔滨建筑工程学院,主任委员张自杰。

经国家教委批准,清华大学、中国科学院生态环境研究中心、北京大学、北京师范大学联合建立了"环境模拟与污染控制国家重点实验室",其中涵盖给排水专业研究领域。

1990 年

哈尔滨建筑工程学院给水排水工程教研室被国家教委和国家科委联合授予全国科研工作先进集体称号、李圭白被授予高等学校先进科技工作者称号。

7 月,全国高等学校给水排水工程学科专业指导委员会在长沙召开一届二次会议。

1991 年

12 月,全国高等学校给水排水工程学科专业指导委员会在昆明召开一届三次会议。

1992 年

哈尔滨建筑工程学院作为试点通过全国高等学校给水排水工程学科专业指导委员会的毕业设计评估。

受人事部和建设部委托,举办哈尔滨建筑工程学院首届全国高校给水排水工程专业青年骨干教师研讨班。

7 月,全国高等学校给水排水工程学科专业指导委员会在哈尔滨召开一届四次会议。

1993 年

经国家教委批准,同济大学与南京大学联合建立"污染控制和资源化研究国家重点实验室",其中涵盖给排水专业研究领域。

同济大学、重庆建筑工程学院、沈阳建筑工程学院等通过全国高等学校给水排水工程学科专业指导委员会的毕业设计评估。

11 月,全国高等学校给水排水工程学科专业指导委员会在武汉召开一届五次会议。

张晓健（清华大学）等的成果"《水处理工程》系列课程教学改革"获北京市普通高等学校教学成果一等奖。

重庆建筑工程学院给排水专业教师龙腾锐等的成果"高浓度有机废水的厌氧生物处理技术"获国家科技进步奖三等奖。

1994 年

同济大学给水排水工程专业毕业生、清华大学钱易教授当选为中国工程院院士。

清华大学给水排水工程专业毕业生、中国环境科学研究院刘鸿亮研究员当选为中国工程院院士。

7 月,全国高等学校给水排水工程学科专业指导委员会在太原召开一届六次会议。会上进行了指导委员会的换届工作,成立第二届全国高等学校给水排水工程学科专业指导委员会,主持学校哈尔滨建筑大学,主任委员李圭白。

西安冶金建筑学院、天津城市建设学院、北京建筑工程学院等通过全国高等学校给水排水工程学科专业指导委员会的毕业设计评估。

1995 年

哈尔滨工业大学给水排水工程专业毕业生、哈尔滨建筑大学李圭白教授当选为中国工程院院士。

哈尔滨工业大学给水排水工程专业毕业生、中国科学院生态环境研究中心汤鸿霄研究员当选为中国工程院院士。

经国家计委批准,同济大学建立"城市污染控制国家工程研究中心",其中涵盖给排水专业研究领域。

7 月,全国高等学校给水排水工程学科专业指导委员会二届一次会议在青岛举行。

指导委员会二届一次会议上成立了给水排水工程专业专科指导小组,周虎城为组长。

3.5 专业教育改革深化，专业建设全面发展阶段（1996～2012 年）

1996 年

4 月，全国高等学校给水排水工程学科专业指导委员会专科指导小组在南京召开了第一次工作会议。

5 月,全国高等学校给水排水工程学科专业指导委员会在苏州召开二届二次会议。

指导委员会二届二次会议上对专科小组的工作计划及专科教育培养方案的基本思路进行了审议，并决定今后专科组独立开展工作。

12月，全国高等学校给水排水工程学科专业指导委员会在天津召开了二届三次（扩大）会议。

给排水专业有3部教材被评为国家"九五"重点教材，4部教材被评为建设部"九五"重点教材。

由中国土木工程学会给水排水学会和全国高等学校给水排水工程学科专业指导委员会牵头的国家"九五"科技攻关计划项目"水工业学科设置研究"启动。

哈尔滨建筑大学给排水专业教师李圭白等的成果"高浊度水透光脉动单因子絮凝自动控制技术"获国家发明奖三等奖。

哈尔滨建筑大学市政与环境工程系被中华全国总工会授予全国职工模范小家称号。

哈尔滨建筑大学"饮用水高效除浊及安全氯化消毒技术"获国家"八五"科技攻关重大科研成果奖。

1997年

哈尔滨建筑工程学院给水排水工程专业毕业生、中国市政工程东北设计研究院张杰教授级高工当选为中国工程院院士。

5月，全国高等学校给水排水工程学科专业指导委员会在西安召开二届四次（扩大）会议。

10月，中国土木工程学会给水排水学会、全国高等学校给水排水工程学科专业指导委员会和国家城市给水排水工程技术研究中心联合在北京组织召开"水工业及其学科体系研讨会"，会议论文集收录论文40余篇。

严煦世、范瑾初（同济大学）编写的教材《给水工程》（第三版）（中国建筑工业出版社出版）获全国普通高等学校优秀教材二等奖。

陆正禹、卜城、张晓健（清华大学）等的成果"改革水处理工程设计，提高学生工程设计能力"获北京市普通高等学校教学成果一等奖。

1998年

哈尔滨建筑大学给排水专业教师马军获国家杰出青年科学基金。

5月，全国高等学校给水排水工程学科专业指导委员会在黄山召开教材工作会议。

10月，全国高等学校给水排水工程学科专业指导委员会换届，并在宁波举行了三届一次（扩大）会议。第三届委员会主持学校哈尔滨建筑大学，主任委员李圭白。

重庆建筑大学给排水专业教师龙腾锐获得全国优秀教师称号。

重庆建筑大学给排水专业教师孙慧修等的成果"常温厌氧与一体化氧化沟处理城市污水技术"获国家科技进步奖三等奖。

1999 年

受国家人事部和建设部委托，哈尔滨建筑大学给排水专业举办"面向 21 世纪的水科学与水环境工程技术高级研修班"。

哈尔滨建筑大学给排水专业教师马军受聘成为国家教育部第二批"长江学者奖励计划"特聘教授。

6 月，全国高等学校给水排水工程学科专业指导委员会三届二次（扩大）会议在武汉举行。

6 月，专业改革成果"给水排水工程专业人才培养方案（报批稿）"完成。

10 月，全国高等学校给水排水工程学科专业指导委员会三届三次会议在昆明举行。

哈尔滨建筑大学市政环境工程学院被中华全国总工会授予全国五一劳动奖状。

2000 年

教育部 21 世纪初高等理工科教育教学改革项目"给水排水专业工程设计类课程改革的实践"专项启动，项目负责人为李圭白院士，主持学校为哈尔滨工业大学，主要参加学校有清华大学、同济大学、重庆大学等。

8 月，全国高等学校给水排水工程学科专业指导委员会在乌鲁木齐市召开三届四次会议。

2001 年

清华大学市政工程学科博士生刘文君的论文（导师王占生）获全国优秀博士学位论文。

7 月，全国高等学校给水排水工程学科专业指导委员会在成都召开三届五次（扩大）会议。

龙腾锐、张勤、何强、蒋绍阶、王圃（重庆大学）的成果"走'产、学、研'相结合的道路，促进市政工程学科建设"获重庆市教学成果奖一等奖。

2002 年

哈尔滨工业大学给排水专业教师马军等的成果"高锰酸盐复合剂除污染技术"获国家技术发明奖二等奖。

4 部教材入选"十五"国家级规划教材，16 部教材入选"十五"土建学科专业规划教材。

哈尔滨工业大学给排水专业教师崔福义主编的教材《给水排水工程仪表与控制》（中国建筑工业出版社）获全国普通高等学校优秀教材二等奖。

8月，高等学校给水排水工程专业指导委员会在桂林召开三届六次（扩大）会议。

哈尔滨工业大学市政工程学科再次被评为国家重点学科。

2003 年

3月，高等学校给水排水工程专业指导委员会在北京召开工作会议。

7月，高等学校给水排水工程专业指导委员会在张家口召开三届七次（扩大）会议。

8月，建设部在哈尔滨组织召开高等教育给水排水工程专业评估委员会成立大会和第一次会议，评估委员会由 19 人组成，崔福义任主任。

黄廷林、马学尼、王俊萍（西安建筑科技大学）的成果"《水文学》教材建设"获陕西省教学成果奖一等奖。

9月，《全国高等学校给水排水工程专业教育评估文件》发布。

2004 年

哈尔滨工业大学给排水专业教师韩洪军等的成果"高浓度有机工业废水生物处理技术研发与示范工程"获得国家科技进步二等奖。

同济大学高廷耀教授等的成果"大型原水生物处理工程工艺研究及应用"获得国家科技进步二等奖。

1月，教育部新世纪高等教育教学改革工程项目"给水排水专业课程体系改革、建设的研究与实践"项目成果《全国高等学校土建类专业本科教育培养目标和培养方案及主干课程教学基本要求——给水排水工程专业》由中国建筑工业出版社出版发行。

5月，专业评估委员会首批启动并通过哈尔滨工业大学、清华大学、同济大学和重庆大学 4 所高校的给排水专业评估。

7月，高等学校给水排水工程专业指导委员会在兰州召开三届八次会议。

10月，教育部新世纪高等教育教学改革工程项目"给水排水专业课程体系改革、建设的研究与实践"通过成果鉴定，哈尔滨工业大学、清华大学、同济大学、重庆大学为主要参加单位，另有 20 所学校参加该项目的实施。

教育部新世纪高等教育教学改革工程项目"给水排水专业课程体系改革、建设的研究与实践"成果获得黑龙江省教学成果一等奖。

西安建筑科技大学给排水专业教师黄廷林获得全国模范教师称号。

2005 年

清华大学给水排水工程专业毕业生、清华大学郝吉明教授当选为中国工程院院士。

由李圭白和崔福义（哈尔滨工业大学）、蒋展鹏（清华大学）、范瑾初（同济大学）、龙腾锐（重庆大学）牵头完成的教学研究成果"给水排水专业课程体系改革、建设的研究与实践"获得国家教学成果二等奖。

解放军后勤工程学院给排水专业教授方振东等的"珊瑚岛礁淡水资源的开发与应用研究"科研成果获得国家科技进步一等奖。

哈尔滨工业大学给排水专业教师马军和陈忠林等的成果"臭氧催化氧化除污染技术"获得国家技术发明二等奖。

哈尔滨工业大学给排水专业教师张杰和袁一星等的成果"生物固锰除锰机理与工程技术"获得国家科技进步二等奖。

哈尔滨工业大学"城市水质保障与水资源可持续利用"团队入选教育部创新团队。

哈尔滨工业大学市政工程学科博士生高大文的论文（导师彭永臻）获全国优秀博士学位论文。

清华大学市政工程学科博士生杨宏伟的论文（导师蒋展鹏）获全国优秀博士学位论文提名奖。

4 月，高等学校给水排水工程专业指导委员会在扬州召开三届九次会议。

10 月，国家发展与改革委员会批准设立"城市水资源开发利用（北方）国家工程研究中心"（哈尔滨工业大学等单位组成）和"城市水资源开发利用（南方）国家工程研究中心"（上海市自来水市北有限公司、上海市政工程设计研究总院、同济大学等单位组成），其中均涵盖给排水专业研究领域。

11 月，高等学校给水排水工程专业指导委员会在南京召开四届一次会议暨 2005 年给水排水专业相关学校院长（系主任）大会。本次会议进行了指导委员会换届，第四届全国高等学校给水排水工程专业指导委员会主持学校为哈尔滨工业大学，主任委员崔福义教授。

张可方、张朝升、伍小军、周莉萍、方茜（广州大学）的成果"水处理实验教学内容的改革与实践"获第五届广东省高等教育省级教学成果奖一等奖。

2006 年

哈尔滨工业大学市政工程学科博士生王亚宜的论文（导师彭永臻）获全国优秀博士学位论文。

7 月，全国高等学校给水排水工程专业指导委员会开始举办系列课程研讨会。首次研讨会以建筑给水排水课程为主题，在太原理工大学召开。

8月，全国高等学校给水排水工程专业指导委员会在福州召开四届二次会议。

2007 年

哈尔滨工业大学市政工程学科博士生隋铭皓的论文（导师马军）获全国优秀博士学位论文。

8月，全国高等学校给水排水工程专业指导委员会在包头举行四届三次会议暨2007年给水排水专业相关学校院长（系主任）大会。本次会议首次开展了优秀教学研讨论文及本科生优秀毕业设计（论文）评选和表彰。

10月，经国家科技部批准，哈尔滨工业大学设立"城市水资源与水环境国家重点实验室"，其中涵盖给排水专业研究领域。

7部教材入选国家级"十一五"规划教材，13部教材入选土建学科专业"十一五"规划教材。

哈尔滨工业大学、同济大学、湖南大学、浙江大学的土木工程一级学科被评为国家重点学科（覆盖市政工程二级学科）。

2008 年

哈尔滨工业大学市政工程学科博士生马勇的论文（导师彭永臻）获全国优秀博士学位论文提名奖。

哈尔滨工业大学"城市水质转化规律与保障技术"团队入选国家创新研究群体。

西安建筑科技大学"西北城镇水资源再生利用与水质安全保障"团队入选教育部创新团队。

2月，建设部高等教育给水排水工程专业评估委员会换届，成立了第二届评估委员会，哈尔滨工业大学崔福义教授任主任委员。

8月，全国高等学校给水排水工程专业指导委员会在西安召开四届四次会议。

8月，《全国高等学校给水排水工程专业教育评估文件》（2008年版）发布。

2009 年

哈尔滨建筑工程学院给水排水工程专业毕业生、哈尔滨工业大学任南琪教授当选为中国工程院院士。

哈尔滨建筑工程学院市政工程学科硕士、博士毕业生、中国科学院生态环境研究中心曲久辉研究员当选为中国工程院院士。

西安冶金建筑学院给水排水工程专业毕业生、火箭军二炮工程设计院侯立安教授级高工当选为中国工程院院士。

北京工业大学给排水专业教师李冬和哈尔滨工业大学给排水专业教师韩洪军等的成果"SBR 法污水处理工艺与设备及实时控制技术"获得国家科技进步二等奖。

哈尔滨工业大学市政工程学科博士生江进的论文（导师马军）获全国优秀博士学位论文。

哈尔滨工业大学市政工程学科博士生张涛的论文（导师马军）获全国优秀博士学位论文提名论文奖。

兰州交通大学"黄河中上游水环境综合整治技术体系研究"团队入选教育部创新团队。

2 月，住房城乡建设部教学改革重点项目"给水排水工程专业发展战略与专业规范研究"获批立项，项目由指导委员会承担，项目负责人为崔福义。主要参加学校有哈尔滨工业大学、清华大学、同济大学、重庆大学等。

8 月，全国高等学校给水排水工程专业指导委员会在长沙召开四届五次会议暨给水排水工程（给排水科学与工程）专业相关学校院长（系主任）大会。本次会议首次开展了本科生优秀科技创新项目评选和表彰。

崔福义（哈尔滨工业大学）、张晓健（清华大学）、高乃云（同济大学）、张智（重庆大学）、李伟光（哈尔滨工业大学）等的成果"给水排水工程专业创新型人才培养体系建设研究与实践"获黑龙江省高等教育教学成果奖一等奖。

兰州交通大学给排水专业教师常青获得全国模范教师称号。

桂林理工大学资源与环境工程学院被国家人力资源与社会保障部和教育部联合授予全国教育系统先进集体称号。

2010 年

哈尔滨工业大学、同济大学、长安大学、西安建筑科技大学给排水专业获批全国首批"卓越工程师教育培养计划"试点。

哈尔滨工业大学市政工程学科博士生赵雷的论文（导师马军）获全国优秀博士学位论文提名奖。

6 月，教育部与住房城乡建设部联合成立给水排水工程专业"卓越工程师教育培养计划"工作组和专家组，工作组组长由住房城乡建设部人事司赵琦担任，专家组组长由哈尔滨工业大学崔福义担任。

7 月，全国高等学校给水排水工程专业指导委员会在上海召开五届一次会议。本次会议进行了换届。第五届委员会由哈尔滨工业大学为主持学校，崔福义教授为主任委员。

西安建筑科技大学环境与市政工程学院被中华全国总工会授予全国职工模范小家称号。

2011 年

同济大学给水排水工程专业毕业生、中国环境科学研究院段宁研究员当选为中国工程院院士。

哈尔滨工业大学市政工程学科博士生田家宇的论文（导师李圭白）获全国优秀博士学位论文提名奖。

1月，住房城乡建设部教学改革重点项目"围绕'卓越计划'，创新给水排水工程专业工程教育人才培养体系研究"获批立项，项目由指导委员会承担，项目负责人为崔福义。主要参加学校有哈尔滨工业大学、清华大学、同济大学、重庆大学等。

1月，教育部和住房城乡建设部在西安召开全国高校给水排水工程专业卓越工程师计划实施研讨会。

3月，全国高等学校给水排水工程学科专业指导委员会在三亚召开了全国首届市政工程学科博导论坛。

4月，住房城乡建设部教学改革重点项目"给水排水工程专业发展战略与专业规范研究"项目通过土建学科教学指导委员会专家组验收。

8月，全国高等学校给水排水工程专业指导委员会在桂林市召开五届二次会议暨2011年给水排水工程（给排水科学与工程）专业相关学校院长（系主任）大会。

8月，给水排水工程专业卓越工程师教育培养计划专家组制定完成了"卓越工程师教育培养计划"给水排水工程（给排水科学与工程）专业本科培养标准，报住房城乡建设部。

3部教材入选国家"十二五"规划教材，16部教材入选土建学科专业"十二五"规划教材。

李圭白专项基金市政工程学科优秀博士学位论文奖评选启动，首次评选出优秀博士学位论文10篇。

2012 年

哈尔滨工业大学给排水专业教师韩洪军等的成果"低C/N比污水连续流脱氮除磷工艺与过程控制技术"获得国家科技进步二等奖。

4月，中国土木工程学会水工业分会、高等学校给水排水工程专业指导委员会、中国建筑学会建筑给水排水研究分会和全国给水排水技术信息网主办，《给水排水》杂志社承办首次中国水业年度人物评选活动，15人被评为"2011年度中国水业人物"，其中高校给排水专业教师崔福义（哈尔滨工业大学）、高乃云（同济大学）、张晓健（清华大学）获得"2011 年度中国水业人物"教学与科研贡献奖。

8 月，全国高等学校给水排水工程专业指导委员会在合肥市召开五届三次会议。

8 月，全国高等学校给水排水工程专业指导委员会在上海同济大学召开首届全国市政工程学科博士论坛并评选和表彰了优秀论文。

10 月，国家教育部颁布《普通高等学校本科专业目录和专业介绍》（2012），"给水排水工程"专业更名为"给排水科学与工程"专业。

11 月，《给排水科学与工程专业规范》及《给排水科学与工程专业发展战略研究报告》获得住房城乡建设部批准颁布执行。《高等学校给排水科学与工程本科指导性专业规范》由中国建筑工业出版社出版。

12 月，"高等学校给排水科学与工程本科指导性专业规范实施研讨会"在厦门华侨大学举办。

12 月，住房城乡建设部高等教育给排水科学与工程专业评估委员会换届，成立了第三届评估委员会，哈尔滨工业大学崔福义教授任主任委员。

3.6　依据《专业规范》办学阶段（2013 年～ ）

2013 年

哈尔滨工业大学市政工程学科博士生郭建华的论文（导师彭永臻）获全国优秀博士学位论文提名奖。

同济大学市政工程学科博士生楚文海的论文（导师高乃云）获全国优秀博士学位论文提名奖。

4 月，住房城乡建设部教学改革重点项目"围绕'卓越计划'，创新给水排水工程专业工程教育人才培养体系研究"在苏州通过了土建学科教学指导委员会组织的专家验收。

4 月，全国高等学校给排水与工程专业指导委员会在苏州召开了第二届全国市政工程学科博导论坛。

4 月，"2012 年度中国水业人物"评选结果公布，共 10 人获奖，其中高校给排水专业教师李伟光（哈尔滨工业大学）、刘文君（清华大学）、张智（重庆大学）获得"2012 年度中国水业人物"教学与科研贡献奖，许保玖（清华大学）获得"2012 年度中国水业人物"终身成就奖。

8月，在兰州召开全国高等学校给排水科学与工程学科专业指导委员会六届一次会议暨2013年给排水科学与工程专业相关学校院长（系主任）大会，会上进行了指导委员会换届。第六届指导委员会由哈尔滨工业大学主持，崔福义教授任主任委员。

张雅君、冯萃敏、许萍、王俊岭、曹秀芹（北京建筑大学）的成果"基于'水量水质并重'的给水排水工程专业的人才培养模式探索与实践"获北京市高等教育教学成果奖一等奖。

崔福义、袁一星、李伟光、南军（哈尔滨工业大学）等的成果"给排水科学与工程专业发展战略与专业规范研究及其创新性实践"获黑龙江省高等教育教学成果奖一等奖。

2014年

西安建筑科技大学给排水专业教师王晓昌、袁宏林等的成果"水与废水强化处理的造粒混凝技术研发及其在西北缺水地区的应用"获得国家科技进步二等奖。

4月，全国高等学校给排水科学与工程学科专业指导委员会在南京召开了第二届全国市政工程学科博士论坛，评选并表彰了优秀论文。

4月，"2013年度中国水业人物"评选结果公布，共10人获奖，其中高校给排水专业教师邓慧萍（同济大学）、张学洪（桂林理工大学）获得"2013年度中国水业人物"教学与科研贡献奖,张自杰（哈尔滨工业大学）获得"2013年度中国水业人物"终身成就奖。

7月，高等学校给排水科学与工程专业实施"卓越工程师教育培养计划"经验交流研讨会在西安召开。

8月，全国高等学校给排水科学与工程学科专业指导委员会在贵阳召开六届二次会议。

桂林理工大学环境科学与工程学院被国家人力资源与社会保障部和教育部联合授予全国教育系统先进集体称号。

2部教材入选国家"十二五"规划教材。

2015年

哈尔滨建筑工程学院给水排水工程专业毕业生、北京工业大学彭永臻教授当选为中国工程院院士。

4月，高等学校给排水科学与工程学科专业指导委员会在上饶召开第三届全国市政工程学科博导论坛。

4月，"2014年度中国水业人物"评选结果公布，共10人获奖，其中高校给排水专业教师陈卫（河海大学）、张雅君（北京建筑大学）获"2014年度中国水业人物"教学与科研贡献奖，胡家骏（同济大学）获"2014年度中国水业人物"终身成就奖。

8月，全国高等学校给排水科学与工程学科专业指导委员会在昆明召开六届三次会议。

8月，指导委员会组织编写的"高等学校给排水科学与工程专业学生企业实习导则"完成，报住房城乡建设部审批。

9月，中国城镇供水排水协会科学技术委员会、高等学校给排水科学与工程学科专业指导委员会、深圳市科学技术协会主办，深圳市水务（集团）有限公司承办的"首届全国高等学校给排水相关专业在校生研究成果展示会"在深圳召开，有32项参展作品获奖。

桂林理工大学水环境保护与利用教学与科研巾帼攻关组被中华全国总工会授予全国五一巾帼奖状。

4 附件

本书编写过程中，编委会搜集了专业发展过程中的重要史料，作为本书的附件。考虑到附件内容很多，格式难以统一，故本书纸版中仅列出标题，具体内容见附带光盘。

4.1 历届指导委员会任命文件

教材编审委员会、第一届指导委员会的任命文件暂缺。

4.1.1 第二届指导委员会任命文件（建教〔1994〕709号）

4.1.2 第三届指导委员会任命文件（建人教〔1998〕170号）

4.1.3 第三届指导委员会任命文件（部分调整）（建人教〔2001〕207号）

4.1.4 第四届指导委员会任命文件（建人〔2005〕191号）

4.1.5 第五届指导委员会任命文件（建人函〔2010〕68号）

4.1.6 第六届指导委员会任命文件及指导委员会章程（建人函〔2013〕99号）

4.2 指导委员会会议纪要

第一届指导委员会会议纪要暂缺。

4.2.1 第二届指导委员会会议纪要

    4.2.1.1 第二届指导委员会一次会议

    4.2.1.2 第二届指导委员会二次会议

    4.2.1.3 第二届指导委员会三次会议

    4.2.1.4 第二届指导委员会四次会议

    4.2.1.5 第二届指导委员会黄山工作会议纪要

4.2.2 第三届指导委员会会议纪要

    4.2.2.1 第三届指导委员会一次会议

    4.2.2.2 第三届指导委员会二次会议

    4.2.2.3 第三届指导委员会三次会议

    4.2.2.4 第三届指导委员会四次会议

    4.2.2.5 第三届指导委员会五次会议

    4.2.2.6 第三届指导委员会六次会议

    4.2.2.7 第三届指导委员会七次会议

4.3　课程建设

4.4　教材建设

4.4.1　教材建设立项文件

4.4.1.1　关于普通高等教育建设部九五重点教材立项评审结果及立项教材实施办法的通知（建教〔1996〕591 号）

4.4.1.2　关于印发普通高等教育土建学科专业十五教材规划选题的通知（建人教高函〔2002〕103 号）

4.4.1.3　关于普通高等教育土建学科专业十一五教材规划选题的通知（建人教高函〔2007〕83 号）

4.4.1.4　关于印发高等教育土建学科专业十二五教材规划选题的通知（建人函〔2011〕71 号）

4.4.2　新中国成立前出版的专业教材

4.4.2.1　陶葆楷 给水工程学 1937 商务印书馆

4.4.2.2　顾康乐 净水工程学 1937 商务印书馆

4.4.2.3　陶葆楷 军事卫生工程 1941 商务印书馆

4.4.3　新中国成立初期出版的相关专业教材

4.4.3.1　张书农 农田排水工程 1951 龙门联合书局

4.4.3.2　胡振东等译 给水卫生学 1952 东北医学图书出版社

4.4.3.3　于泮池等译 给水及下水工程 1954 高等教育出版社

4.4.3.4　水利部等译 土壤改良与农业给水 1954 高等教育出版社

4.4.4　1952 ~ 1963 年出版的教材

4.4.4.1　陶葆楷等 下水工程 - 上册 1954 商务印书馆

4.4.4.2　顾夏声 水分析化学及微生物学 1954 商务印书馆

4.4.4.3　张有衡 水力学泵及鼓风机 1954 商务印书馆

4.4.4.4　唐山铁道学院给水及排水教研组译 铁路运输给水 - 上册 1955 年
人民铁道出版社

4.4.4.5　清华大学给水教研组 给水工程 - 下册 1955 清华大学

4.4.4.6　屠人俊译 城市给水管网计算 1955 建筑工程出版社

4.4.4.7　北京市人民政府卫生工程局译 下水工程 - 下册 1956 高等教育出
版社

4.4.4.8　樊冠球 给水处理（给水工程第三分册）1956 高等教育出版社

4.4.4.9　李圭白 工业给水（给水工程第四分册）1956 哈尔滨工业大学

4.4.4.10　顾培恂 建筑场地给水 1956 建筑工程出版社

4.4.4.11　哈尔滨工业大学给水排水教研室 颜虎 给水管网（给水工程第
一分册）1957 哈尔滨工业大学

4.4.4.12　哈尔滨工业大学给水排水教研室 邵元中 排水管网（排水工程
第一分册）1957 哈尔滨工业大学

4.4.4.13　哈尔滨工业大学给水排水教研室 排水工程 - 下册 - 工业排水
1957 建筑工程出版社

4.4.4.14　杨钦 给水外管网的设计与计算 1957 建筑工程出版社

4.4.4.15　同济大学铁道系译 铁路运输给水 下册 1957 人民铁道出版社

4.4.4.16　同济大学城市建设系给水排水教研组译 排水工程（上下册）
1957 高等教育出版社

4.4.4.17　哈尔滨工业大学给水排水教研室 房屋卫生技术设备 1958 建筑工程出版社

4.4.4.18　清华大学土木系给水排水工程专业师生 给水排水工程施工 1959 高等教育出版社

4.4.4.19　哈尔滨工业大学给水排水教研室 排水工程 - 上册 - 排水管网 1959 建筑工程出版社

4.4.4.20　哈尔滨工业大学给水排水教研室 排水工程 - 中册 - 污水处理 1959 建筑工程出版社

4.4.4.21　哈尔滨工业大学给水排水教研室 给水工程（上册）1959 建筑工程出版社

4.4.4.22　哈尔滨工业大学给水排水教研室 给水工程（下册）1959 建筑工程出版社

4.4.4.23　严煦世 给水处理设备 1959 上海科学技术出版社

4.4.4.24　哈尔滨建筑工程学院给水排水教研室 给水排水自动技术 1961 中国工业出版社

4.4.5　1963～1989 年出版的教材

4.4.5.1　给水排水化学编写组 给水排水化学 1979 中国建筑工业出版社

4.4.5.2　刘兆昌等 供水水文地质 1979 中国建筑工业出版社

4.4.5.3　西南冶金建筑学院、湖南大学 水文学 1979 中国建筑工业出版社

4.4.5.4　同济大学 给水工程 1980 中国建筑工业出版社

4.4.5.5　姜乃昌等 水泵及水泵站（第二版）1980 中国建筑工业出版社

4.4.5.6　顾夏声等 水处理微生物学基础 1980 中国建筑工业出版社

4.4.5.7　重庆建筑工程学院 排水工程（上册）1981 中国建筑工业出版社

4.4.5.8　哈尔滨建筑工程学院 排水工程（下册）1981 中国建筑工业出版社

4.4.5.9　太原工学院、哈尔滨建筑工程学院、湖南大学 室内给水排水工程 1981 中国建筑工业出版社

4.4.5.10　重庆建筑工程学院、太原工学院、湖南大学 给水排水工程结构 1981 中国建筑工业出版社

4.4.5.11　天津大学 建筑概论 1981 中国建筑工业出版社

4.4.5.12　徐鼎文等 给水排水工程施工 1983 中国建筑工业出版社

4.4.5.13　杨钦等 给水工程（第二版）1987 中国建筑工业出版社

4.4.5.14   顾夏声等 水处理微生物学基础（第二版）1988 中国建筑工业出版社

4.4.5.15   张世贤等 水分析化学 1988 中国建筑工业出版社

4.4.5.16   刘兆昌等 供水水文地质（第二版）1988 中国建筑工业出版社

4.4.5.17   蔡素德 有机化学 1989 中国建筑工业出版社

4.4.5.18   石国乐等 给水排水物理化学 1989 中国建筑工业出版社

4.4.5.19   李燕城 水处理实验技术 1989 中国建筑工业出版社

4.4.5.20   马学尼等 水文学（第二版）1989 中国建筑工业出版社

4.4.6   第一届指导委员会期间（1990~1994）出版的教材

4.4.6.1   杨永祥等 建筑概论（第二版）1990 中国建筑工业出版社

4.4.6.2   太原工业大学、哈尔滨建筑工程学院、湖南大学 建筑给水排水（第一版）1993 中国建筑工业出版社

4.4.6.3   姜乃昌 水泵及水泵站（新一版）1993 中国建筑工业出版社

4.4.6.4   徐鼎文等 给水排水工程施工（新一版）1993 中国建筑工业出版社

4.4.6.5   彭永臻等 给水排水工程计算机程序设计 1994 中国建筑工业出版社

4.4.6.6   刘健行等 给水排水工程结构 1994 中国建筑工业出版社

4.4.7   第二届指导委员会期间（1995~1999）出版的教材

4.4.7.1   严煦世等 给水工程（第三版）1995 中国建筑工业出版社

4.4.7.2   孙慧修 排水工程上册（第三版）1996 中国建筑工业出版社

4.4.7.3   张自杰 排水工程下册（第三版）1996 中国建筑工业出版社

4.4.7.4   石国乐等 给排水物理化学（第二版）1997 中国建筑工业出版社

4.4.7.5   朱满才等 建筑类专业英语 给水排水与环境保护 第 1 册 1997 中国建筑工业出版社

4.4.7.6   傅兴海等 建筑类专业英语 给水排水与环境保护 第 2 册 1997 中国建筑工业出版社

4.4.7.7   张文洁等 建筑类专业英语 给水排水与环境保护 第 3 册 1997 中国建筑工业出版社

4.4.7.8   黄君礼 水分析化学（第二版）1997 中国建筑工业出版社

4.4.7.9   郑达谦 给水排水工程施工（第三版）1998 中国建筑工业出版社

4.4.7.10   马学尼等 水文学（第三版）1998 中国建筑工业出版社

4.4.7.11   刘兆昌等 供水水文地质（第三版）1998 中国建筑工业出版社

4.4.7.12　董辅祥 给水水源及取水工程 1998 中国建筑工业出版社

4.4.7.13　顾夏声等 水处理微生物学（第三版）1998 中国建筑工业出版社

4.4.7.14　姜乃昌 水泵及水泵站（第四版）1998 中国建筑工业出版社

4.4.7.15　王增长等 建筑给水排水工程（第四版）1998 中国建筑工业出版社

4.4.7.16　崔福义等 给水排水工程仪表与控制 1999 中国建筑工业出版社

4.4.7.17　李献文 建筑给水排水工程 CAD 1999 中国建筑工业出版社

4.4.8　国家及建设部"九五"重点教材

4.4.8.1　黄君礼 水分析化学（第二版）1997 中国建筑工业出版社

4.4.8.2　姜乃昌 水泵及水泵站（第四版）1998 中国建筑工业出版社

4.4.8.3　顾夏声等 水处理微生物学（第三版）1998 中国建筑工业出版社

4.4.8.4　王增长等 建筑给水排水工程（第四版）1998 中国建筑工业出版社

4.4.8.5　严煦世等 给水工程（第四版）1999 中国建筑工业出版社

4.4.8.6　孙慧修 排水工程（上册）（第四版）1999 中国建筑工业出版社

4.4.8.7　张自杰 排水工程（下册）（第四版）1999 中国建筑工业出版社

4.4.8.8　彭永臻等 给水排水工程计算机程序设计（第二版）2002 中国建筑工业出版社

4.4.9　国家及土建学科专业"十五"规划教材

4.4.9.1　石国乐等 物理化学（第二版）1997 中国建筑工业出版社

4.4.9.2　马学尼等 水文学（第三版）1998 中国建筑工业出版社

4.4.9.3　李广贺 水资源利用与保护 2002 中国建筑工业出版社

4.4.9.4　严煦世等 给水排水管道系统 2002 中国建筑工业出版社

4.4.9.5　蔡素德 有机化学（第二版）2002 中国建筑工业出版社

4.4.9.6　李圭白等 城市水工程概论 2002 中国建筑工业出版社

4.4.9.7　张勤等 水工程经济 2002 中国建筑工业出版社

4.4.9.8　黄廷林 水工艺设备基础 2002 中国建筑工业出版社

4.4.9.9　沈德植 土建工程基础 2003 中国建筑工业出版社

4.4.9.10　李燕城等 水处理实验技术（第二版）2004 中国建筑工业出版社

4.4.9.11　王季震 城市水工程建设监理 2004 中国建筑工业出版社

4.4.9.12　李圭白等 水质工程学 2005 中国建筑工业出版社

4.4.9.13　王增长 建筑给水排水工程（第五版）2005 中国建筑工业出版社

4.4.9.14　陈卫等 城市水系统运营与管理 2005 中国建筑工业出版社

4.4.9.15 张勤等 水工程施工 2005 中国建筑工业出版社

4.4.9.16 张智等 水工程法规 2005 中国建筑工业出版社

4.4.9.17 崔福义等 水工艺仪表与控制（第二版）2006 中国建筑工业出版社

4.4.9.18 杜茂安 水源工程与管道系统设计计算 2006 中国建筑工业出版社

4.4.9.19 韩洪军 水处理工程设计计算 2006 中国建筑工业出版社

4.4.9.20 李玉华 建筑给水排水工程设计计算 2006 中国建筑工业出版社

4.4.9.21 顾夏声等 水处理生物学（第四版）2006 中国建筑工业出版社

4.4.9.22 黄君礼 水分析化学（第三版）2006 中国建筑工业出版社

4.4.10   土建学科专业"十一五"规划教材

4.4.10.1 蔡素德 有机化学（第三版）2006 中国建筑工业出版社

4.4.10.2 顾夏声等 水处理生物学（第四版）2006 中国建筑工业出版社

4.4.10.3 黄廷林等 水文学（第四版）2007 中国建筑工业出版社

4.4.10.4 姜乃昌等 泵与泵站（第五版）2007 中国建筑工业出版社

4.4.10.5 张智 城镇防洪与雨洪利用 2009 中国建筑工业出版社

4.4.10.6 张维佳 水力学 2007 中国建筑工业出版社

4.4.10.7 严煦世等 给水排水管网系统（第二版）2008 中国建筑工业出版社

4.4.10.8 唐兴荣 土建工程基础（第二版）2009 中国建筑工业出版社

4.4.10.9 黄廷林 水工艺设备基础（第二版）2009 中国建筑工业出版社

4.4.10.10 吴俊奇等 水处理实验技术（第三版）2009 中国建筑工业出版社

4.4.10.11 李广贺 水资源利用与保护（第二版）2010 中国建筑工业出版社

4.4.10.12 王增长 建筑给水排水工程（第六版）2010 中国建筑工业出版社

4.4.10.13 王超等 城市水生态与水环境 2010 中国建筑工业出版社

4.4.11   土建学科专业"十二五"规划教材

4.4.11.1 李圭白等 给排水科学与工程概论（第二版）2010 中国建筑工业出版社

4.4.11.2 顾夏声等 水处理生物学（第五版）2012 中国建筑工业出版社

4.4.11.3 李圭白等 水质工程学（第二版）2013 中国建筑工业出版社

4.4.11.4 黄君礼等 水分析化学（第四版）2013 中国建筑工业出版社

4.4.11.5 严煦世等 给水排水管网系统（第三版）2013 中国建筑工业出版社

4.4.11.6 黄廷林等 水文学（第五版）2014 中国建筑工业出版社

4.4.11.7　吴俊奇等 水处理实验设计与技术（第四版）2015 中国建筑工业出版社

4.4.11.8　张维佳 水力学（第二版）2015 中国建筑工业出版社

4.4.11.9　黄廷林 水工艺设备基础（第三版）2015 中国建筑工业出版社

4.4.11.10　李广贺 水资源利用与保护（第三版）2016 中国建筑工业出版社

4.4.11.11　许仕荣等 泵与泵站（第六版）2016 中国建筑工业出版社

4.4.11.12　王增长 建筑给水排水工程（第七版）2016 中国建筑工业出版社

4.4.11.13　张智 城镇防洪与雨洪利用（第二版）中国建筑工业出版社

4.4.11.14　崔福义等 给排水工程仪表与控制（第三版）中国建筑工业出版社（未出版）

4.4.11.15　张勤 水工程经济（第二版）中国建筑工业出版社（未出版）

4.4.11.16　张勤等 水工程施工（第二版）中国建筑工业出版社（未出版）

4.4.12　高等学校给排水科学与工程学科专业指导委员会规划推荐教材情况表

4.12.1　高等学校给排水科学与工程本科指导性专业规范 2012 中国建筑工业出版社

4.12.2　李冬等 水健康循环导论 2009 中国建筑工业出版社

4.12.3　刘兆昌等 供水水文地质（第四版）2011 中国建筑工业出版社

4.12.4　杨永祥等 建筑概论（第三版）2011 中国建筑工业出版社

4.12.5　李志华 水工艺与工程的计算与模拟 2011 中国建筑工业出版社

4.12.6　邓慧萍 给排水科学与工程专业本科生优秀毕业设计（论文）汇编 2013 中国建筑工业出版社

4.12.7　张国珍 给排水安装工程概预算 2014 中国建筑工业出版社

4.12.8　何品晶 城市垃圾处理 2015 中国建筑工业出版社

4.5　师资队伍、平台条件与相关成果

4.5.1　教学成果奖证书

4.5.2　教学名师证书

4.5.3　优秀教师与先进集体证书

4.5.4　特色专业与基地建设

4.6 指导委员会承担的教学改革项目

4.6.1   新世纪高等教育教学改革项目:"给水排水专业课程体系改革、建设的研究与实践"成果鉴定证书

4.6.2   住房城乡建设部教学改革重点项目:"给水排水工程专业发展战略与专业规范研究"

    4.6.2.1   关于公布 2008 年度土建类高等教育教学改革重点项目的通知(建人专函〔2009〕1 号)

    4.6.2.2   项目委托书

    4.6.2.3   项目验收书

4.6.3   住房城乡建设部教学改革重点项目:围绕"卓越计划"创新给水排水工程专业工程教育人才培养体系研究

    4.6.3.1   关于公布 2011 年度土建类高等教育教学改革项目的通知(建人专函〔2011〕22 号)

    4.6.3.2   项目委托书

    4.6.3.3   项目验收书

4.7 专业评估文件

4.7.1   历届评估委员会任命文件

    4.7.1.1   关于成立建设部高等教育给水排水工程专业评估委员会的通知(建人教函〔2003〕187 号)

    4.7.1.2   关于印发新一届建设部高等教育城市规划、工程管理、给水排水工程专业评估委员会名单的通知(建人〔2008〕28 号)

    4.7.1.3   住房城乡建设部关于公布城乡规划、给排水科学与工程、工程管理专业评估委员会组成人员名单的通知(建人〔2012〕196 号)

4.7.2   评估文件

    4.7.2.1   关于印发《全国高等学校给水排水工程专业教育评估文件》的通知(建人教〔2003〕191 号)

    4.7.2.2   住房城乡建设部高等教育给水排水工程专业评估文件(2008 年版)

4.8 卓越工程师教育培养计划相关文件

4.8.1 教育部办公厅、住房城乡建设部办公厅关于成立"卓越工程师教育培养计划"工作组和专家组的通知(教高厅函〔2010〕52号)

4.8.2 给水排水工程专业"卓越工程师教育培养计划"本科培养标准

4.8.3 部分试点高校给排水科学与工程专业"卓越工程师教育培养计划"培养方案

4.9 指导委员会部分文件

4.9.1 给水排水工程专业本科教育(四年制)培养目标和毕业生基本规格及给水排水工程专业本科(四年制)培养方案(2003年11月)

4.9.2 给排水科学与工程专业本科优秀毕业设计(论文)评选办法

4.9.3 给排水科学与工程专业本科优秀科技创新活动评选办法

4.9.4 高等学校给水排水工程专业指导委员会关于专业名称调整办法的通知

4.9.5 高等学校给排水科学与工程本科指导性专业规范

4.9.6 高等学校土建学科教学指导委员会关于做好土建类专业教学质量国家标准编制工作有关问题的通知

4.9.7 "首届全国高等学校给排水相关专业在校生研究成果展示会"举办情况的总结报告

4.10 专业发展中的部分历史资料

4.10.1 1952年之前(依附于土木工程,尚未独立设置专业,专业启蒙阶段)的史料

4.10.2 1952~1965年之间(独立设置专业,探索与成长阶段)的史料

4.10.3 1966~1976年之间("文革"期间,专业发展停滞阶段)的史料

4.10.4 1977~1995年之间(专业建设恢复与发展阶段)的史料(缺失)

4.10.5 1996~2012年(专业教育改革深化,专业建设全面发展阶段)的史料

4.10.6 2013~2015年之间(依据《专业规范》办学阶段)的史料

5

各高校给排水专业
（市政工程学科）
建设情况汇总表
（不完全统计）

各高校给排水专业（市政工程学科）建设情况汇总表（不完全统计）

序号	学校名称	本科首次招生时间	获硕士学位授予权时间	获博士学位授予权时间	设立土木与水利学科博士后流动站时间	不同时期专业对应的学校名称	备注
1	清华大学	1952年	1986年	1998年	1999年	—	1977年本科专业更名为环境工程 1990年恢复给水排水工程专业本科培养
2	哈尔滨工业大学	1952年	1981年	1986年	1991年	哈尔滨中俄工业学校 哈尔滨建筑工程学院 哈尔滨建筑大学	—
3	同济大学	1952年	1981年	1981年	1985年	—	—
4	天津大学	1955年	2002年	2003年	1980年	—	1980年本科专业更名为环境工程
5	重庆大学	1955年	1981年	1998年	1999年	重庆土木建筑工程学院 重庆建筑工程学院 重庆建筑大学	—
6	湖南大学	1956年	1986年	2000年	1995年	中南土木建筑学院	—
7	西安建筑科技大学	1956年	1993年	2000年	1999年	西安冶金学院 西安冶金建筑学院	—
8	兰州交通大学	1958年	1996年	2006年	2009年	兰州铁道学院	—
9	太原理工大学	1958年	1986年	—	—	太原工学院 太原工业大学	1959～1963年未招生；1964年恢复招生
10	北京建筑大学	1959年	1983年	—	—	北京建筑工程学院	1961年停止招生，在校生转入北京工业大学；1977年恢复招生
11	北京工业大学	1961年	1982年	2003年	2003年	—	—
12	沈阳建筑大学	1977年	1998年	2013年	2015年	辽宁建筑工程学院	—
13	华中科技大学	1977年	1992年	2003年	2007年	华中理工大学 武汉城市建设学院	—

续表

序号	学校名称	本科首次招生时间	获硕士学位授予权时间	获博士学位授予权时间	设立土木与水利学科博士后流动站时间	不同时期专业对应的学校各名称	备注
14	天津城建大学	1978年	1998年	—	—	天津城市建设学院	—
15	中国人民解放军后勤工程学院	1978年	1988年	2010年	—	—	招生专业名称为国防建筑设备工程
16	南京工业大学	1979年	2006年	—	—	南京建筑工程学院	—
17	长安大学	1979年	2003年	2005年	2007年	西北建筑工程学院	—
18	青岛理工大学	1979年	2003年	2006年	—	山东冶金工业学院 青岛建筑工程学院	—
19	武汉理工大学	1977年	1984年	2003年	2004年	武汉建材学院	—
20	山东建筑大学	1981年	2002年	2015年	—	山东建筑工程学院	—
21	河北建筑工程学院	1982年	2014年	—	—	—	—
22	华东交通大学	1983年	2007年	—	—	—	—
23	吉林建筑大学	1983年	2003年	—	—	吉林建筑工程学院	—
24	南华大学	1984年	2003年	—	—	衡阳矿冶工程学院	—
25	安徽建筑大学	1985年	2006年	—	—	安徽建筑工业学院	—
26	内蒙古科技大学	1986年	2011年	—	—	包头钢铁学院	—
27	南昌大学	1987年	2006年	—	—	—	—
28	合肥工业大学	1988年	1996年	2011年	2009年	—	—
29	西安理工大学	1988年	2011年	2011年	—	—	—
30	昆明理工大学	1988年	2006年	—	—	重庆建筑工程学院昆明分院	—
31	河北工程大学	1988年	2006年	—	—	河北煤炭建筑工程学院 河北建筑科技学院 河北工程学院	—

续表

序号	学校名称	本科首次招生时间	获硕士学位授予权时间	获博士学位授予权时间	设立土木与水利学科博士后流动站时间	不同时期专业对应的学校名称	备注
32	四川大学	1989 年	2003 年	2012 年	1989 年	成都科技大学 四川联合大学	—
33	武汉大学	1989 年	2003 年	2006 年	2003 年	武汉水利电力学院	—
34	扬州大学	1991 年	2006 年	—	—	扬州工学院	—
35	西华大学	1990 年	2010 年	—	—	—	—
36	广州大学	1991 年	2003 年	2011 年	2012 年	华南建设学院	—
37	苏州科技学院	1992 年	2006 年	—	—	苏州城市建设环境保护学院	—
38	广东工业大学	1993 年	2005 年	—	—	广东工学院	—
39	郑州大学	1993 年	2007 年	2015 年	—	郑州工业大学	—
40	辽宁工程技术大学	1993 年	2007 年	—	—	阜新矿业学院	—
41	华北水利水电学院	1993 年	2006 年	—	—	—	—
42	内蒙古农业大学	1994 年	2006 年	—	—	内蒙古农牧学院	—
43	桂林理工大学	1994 年	2003 年	2003 年	—	桂林工学院	—
44	河海大学	1994 年	2003 年	2003 年	1991 年	—	—
45	浙江工业大学	1994 年	2007 年	—	—	—	—
46	内蒙古工业大学	1995 年	2012 年	—	—	—	—
47	大连海洋大学	1996 年	—	—	—	大连水产学院	—
48	福州大学	1997 年	2007 年	2010 年	2007 年	—	—
49	哈尔滨工程大学	1997 年	—	—	—	—	—
50	安徽工业大学	1997 年	2006 年	—	—	—	—
51	长沙理工大学	1999 年	2008 年	2011 年	—	—	—

续表

序号	学校名称	本科首次招生时间	获硕士学位授予权时间	获博士学位授予权时间	设立土木与水利学科博士后流动站时间	不同时期专业对应的学校名称	备注
52	济南大学	1999年	2007年	—	—	山东建筑材料工业学院	—
53	长江大学	1999年	—	—	—	汉江石油学院	—
54	江西理工大学	2000年	2012年	—	—	南方冶金学院	—
55	辽宁石油化工大学	2000年	—	—	—	抚顺石油学院	—
56	武汉科技大学	2000年	2000年	—	—	—	—
57	长春工程学院	2000年	2012年	—	—	—	—
58	东华理工大学	2000年	—	—	—	华东地质学院	—
59	西安工程大学	2000年	—	—	—	西安工程科技学院	—
60	青海大学	2000年	—	—	—	—	—
61	山东农业大学	2001年	2011年	—	—	—	—
62	沈阳建筑大学城市建设学院	2000年	—	—	—	沈阳建筑大学城市建设学院	—
63	东北电力大学	2001年	—	—	—	东北电力学院	—
64	新疆大学	2002年	—	—	—	—	—
65	河南城建学院	2002年	—	—	—	平顶山工学院	—
66	湖南科技大学	2002年	2008年	—	—	湘潭工学院	—
67	湖南城市学院	2002年	—	—	—	—	—
68	东南大学	2002年	2001年	2001年	1998年	—	—
69	武汉纺织大学	2002年	—	—	—	武汉科技学院	—
70	兰州理工大学	2002年	2006年	2011年	2007年	甘肃工业大学	—
71	沈阳理工大学	2003年	2013年	—	—	—	—

续表

序号	学校名称	本科首次招生时间	获硕士学位授予权时间	获博士学位授予权时间	设立土木与水利学科博士后流动站时间	不同时期专业对应的学校名称	备注
72	华侨大学	2003 年	2011 年	—	—	—	—
73	东北石油大学	2003 年	2012 年	—	—	大庆石油学院	—
74	西藏大学	2003 年	—	—	—	—	—
75	河北工程大学科信学院	2004 年	—	—	—	—	—
76	湖北工程学院	2004 年	—	—	—	孝感学院	—
77	盐城工学院	2004 年	—	—	—	—	—
78	辽宁工业大学	2004 年	2012 年	—	—	辽宁工学院	—
79	福建工程学院	2004 年	2015 年	—	—	—	—
80	华南理工大学	2004 年	2006 年	—	—	—	—
81	华北电力大学	2004 年	—	—	—	—	—
82	华北电力大学科技学院	2004 年	—	—	—	—	—
83	吉林化工学院	2004 年	—	—	—	—	—
84	西安工业大学	2005 年	2012 年	—	—	—	—
85	文华学院	2005 年	—	—	—	华中科技大学文华学院	—
86	湖北理工学院	2005 年	—	—	—	黄石理工学院	—
87	延安大学西安创新学院	2006 年	—	—	—	—	—
88	西安科技大学	2006 年	2006 年	—	—	—	—
89	皖西学院	2007 年	—	—	—	—	—

续表

序号	学校名称	本科首次招生时间	获硕士学位授予权时间	获博士学位授予权时间	设立土木与水利学科博士后流动站时间	不同时期专业对应的学校名称	备注
90	河北农业大学	2007 年	2012 年	—	—	河北农业学院	—
91	徐州工程学院	2007 年	—	—	—	—	—
92	榆林学院	2007 年	—	—	—	—	—
93	宝鸡文理学院	2007 年	—	—	—	—	—
94	仲恺农业工程学院	2007 年	—	—	—	—	—
95	广东石油化工学院	2007 年	—	—	—	—	—
96	南昌工程学院	2007 年	—	—	—	—	—
97	河北工业大学	2007 年	2011 年	—	—	河北工学院	—
98	黑龙江东方学院	2008 年	—	—	—	—	—
99	河海大学文天学院	2008 年	—	—	—	—	—
100	中原工学院	2008 年	2012 年	—	—	—	—
101	黑龙江大学	2008 年	2012 年	—	—	—	—
102	重庆交通大学	2009 年	2006 年	—	—	—	—
103	南阳理工学院	2009 年	—	—	—	南阳大学	—
104	武汉轻工大学	2009 年	—	—	—	武汉工业学院	—
105	安徽工程大学	2009 年	—	—	—	安徽工程科技学院	—
106	宁夏理工学院	2009 年	—	—	—	—	—
107	北京城市学院	2009 年	—	—	—	—	—
108	浙江工商大学	2009 年	—	—	—	—	—
109	北京林业大学	2011 年	—	—	—	—	—

续表

序号	学校名称	本科首次招生时间	获硕士学位授予权时间	获博士学位授予权时间	设立土木与水利学科博士后流动站时间	不同时期专业对应的学校名称	备注
110	烟台大学	2011年	2014年	—	—	—	—
111	南阳师范学院	2012年	—	—	—	—	—
112	上海应用技术学院	2012年	—	—	—	—	—
113	云南农业大学	2013年	—	—	—	—	—
114	浙江大学	—	1996年	1998年	1997年	—	—
115	北京交通大学	—	2000年	2006年	1988年	北方交通大学	—
116	西南交通大学	—	2000年	2006年	1998年	—	—
117	解放军理工大学	—	2003年	2003年	—	—	—
118	中国矿业大学	—	2006年	2006年	—	—	—
119	石家庄铁道大学	—	2006年	—	—	—	—
120	河南工业大学	—	2006年	—	—	—	—
121	湖北工业大学	—	2006年	—	—	—	—
122	华北理工大学	—	2006年	—	—	河北理工大学 河北联合大学	—
123	安徽理工大学	—	2006年	2011年	2012年	—	—
124	广西大学	—	2006年	2011年	2007年	—	—
125	北京科技大学	—	2011年	—	—	—	—
126	大连理工大学	—	—	—	1999年	—	—
127	山东大学	—	—	—	2012年	—	—